基于正交化的自适应滤波器设计

智永锋　张　龙
刘　秉　智亚丹　著

科 学 出 版 社
北　京

内 容 简 介

自适应滤波是近年发展起来的关于信号处理技术的方法，自适应滤波器是能够根据输入信号自动调整性能进行数字信号处理的数字滤波器。由于它具有更强的适应性和更优的滤波性能，因此在工程实际中，尤其在信息处理技术中得到了广泛的应用。

本书共 9 章，第 1 章绪论阐述了改进自适应滤波算法的必要性；第 2 章、第 3 章详细介绍了自适应滤波 APA 算法的理论随机统计模型及稳定状态的解；第 4 章～第 9 章通过模型建立、求解稳态解，详细介绍了几种不同算法促进了自适应滤波器性能的稳定和提高。

本书适用于对信号处理领域感兴趣的读者，特别是电子信息类及相关专业的高年级本科生、在读研究生、相关行业从业人员以及科研工作者。

图书在版编目（CIP）数据

基于正交化的自适应滤波器设计/智永锋等著. —北京：科学出版社，2024.8

ISBN 978-7-03-077217-6

Ⅰ. ①基… Ⅱ. ①智… Ⅲ. ①跟踪滤波器-设计 Ⅳ. ①TN713

中国国家版本馆 CIP 数据核字（2023）第 243332 号

责任编辑：付 娇 辛 桐 / 责任校对：王万红

责任印制：吕春珉 / 封面设计：金舵手世纪

科 学 出 版 社 出版

北京东黄城根北街 16 号

邮政编码：100717

http://www.sciencep.com

北京中科印刷有限公司印刷

科学出版社发行 各地新华书店经销

*

2024 年 8 月第 一 版 开本：B5（720×1000）

2024 年 8 月第一次印刷 印张：8

字数：160 000

定价：98.00 元

（如有印装质量问题，我社负责调换）

销售部电话 010-62136230 编辑部电话 010-62135120

前　　言

目前自适应滤波技术在回波消除、噪声消除、波束形成和信道均衡等中得到了广泛的应用。评价一个自适应滤波算法性能的优劣主要是依据收敛的速度、失调量、复杂度和鲁棒性。在本书中，分析了自适应滤波算法的理论随机统计特性和建立“非传统”自适应滤波器的结构以提高滤波器的性能。第一部分建立了自适应滤波器原理——仿射投影算法（affine projection algorithm，APA）随机统计模型，并分析了自适应滤波 APA 算法稳定状态的解；第二部分通过把平衡实现算法应用到无限冲激响应（infinite impulse response，IIR）滤波器的结构设计中，以促进自适应 IIR 滤波器的快速收敛。其中自适应滤波 APA 算法主要介绍输入信号方向的正交，而系统结构的平衡实现体现了系统结构正交的应用。本书通过以下四个方面对上述两部分内容进行详细阐述。

1）通过分析一类称为自适应滤波 APA 算法相比自适应滤波归一化最小均方（normalized least mean square，NLMS）算法，特别是对于高度相关的输入信号，通过在与最近过去的输入信号正交的方向迭代自适应滤波器的权值，促进了自适应滤波器的快速收敛。在参数迭代步长等于 1 的条件下，建立了自适应滤波 APA 算法的理论随机统计模型。基于输入信号的方向向量，给出了四个假设条件。在这四个假设条件下，建立了权值误差和均方误差确定的理论回归表达式，同时分析了自适应滤波 APA 算法稳定状态的均方误差。论证了在输入向量个数不变的条件下，输入信号越相关，输入信号方向向量的最大与最小特征值的比率越大，在输入信号分布空间各个方向的均方误差将会更加相互依赖。因此，可以通过增加输入向量的个数，输入信号方向向量的特征值将会相互接近，减少输入信号分布空间各个方向的估计输出信号均方误差的相互依赖。

2）提出了自适应滤波 APA 算法的权值迭代模型，此模型显示出了自适应滤波 APA 算法更多的内部迭代特征。在不同的迭代步长，通过直接计算输入向量与输出信号之间的数学期望值，给出了自适应滤波 APA 算法稳定状态的解。通过分析两种特例：迭代步长等于 1 和迭代步长接近等于 0 的情况发现：如果迭代步长接近等于 0 时，自适应滤波 APA 算法稳定状态的解仅与当前的输出信号有关，否则自适应滤波 APA 算法稳定状态的解将依赖于过去的输出信号。当自适应滤波 APA 算法的迭代次数趋向无穷大时，证明了自适应滤波 APA 算法稳定状态解的误差等于 0，同时分析了自适应滤波 APA 算法稳定状态的解对参数迭代步长的敏感度。得出自适应滤波 APA 算法稳定状态的解与传统的迭代方法相一致的结论。

3）实现了平衡自适应 IIR 滤波算法收敛到估计输出信号的最小误差。由于平衡实现算法的最小参数敏感度和它在大系统降维理论中的应用，在自适应滤波器结构设计中采用平衡实现算法是一个很有吸引力的选择。通过把离散时间系统传递函数的系数作为自适应 IIR 滤波器的参数，建立了基于平衡实现的自适应 IIR 滤波算法。基于随机梯度搜索技术，所建立的算法最小化了自适应 IIR 滤波器的估计输出信号的误差，系统的估计输出信号是一个无偏估计。平衡自适应 IIR 滤波器是一个内部平衡实现的结构，确保了所设计的平衡自适应 IIR 滤波器一直最小化系统格拉姆（Gram）矩阵的最大与最小特征值的比率。为了避免平衡自适应 IIR 滤波器的估计输出误差信号收敛到局部的最小，首先通过基于方程误差的自适应滤波器结构，获得平衡自适应 IIR 滤波算法初始的估计值，然后采用所建立的平衡自适应 IIR 滤波算法迭代系统的参数，实现系统估计输出误差信号的收敛。

4）建立了基于输入平衡实现的自适应 IIR 滤波器结构。输入平衡实现算法是由四乘网格滤波结构实现，系统的可控 Gram 矩阵是一个单位矩阵。算法确保了自适应 IIR 滤波器一直处于稳定状态。使基于输入平衡实现的自适应 IIR 滤波器算法快速收敛到系统估计输出信号的最小误差。

目　　录

第1章 绪 论

1.1 研究背景及意义

自适应滤波器是指能够根据输入和输出信号自动调节性能进行数字信号处理的数字滤波器。本书利用自适应滤波 APA 算法迭代的方向与最近过去输入信号的方向相互正交的特性，研究自适应滤波 APA 算法的自由度，自适应滤波 APA 算法收敛的理论随机统计模型，同时分析自适应滤波 APA 算法稳定状态的解及其误差。通过把具有正交特性的系统状态空间结构应用到自适应 IIR 滤波器结构的设计中，获得具有最小参数敏感度的自适应 IIR 滤波器结构，使得自适应 IIR 滤波器可以收敛到估计输出信号的最小均方误差。

对于一些应用来说，由于事先并不知道所需要进行操作的参数，如一些噪声信号的特性，所以要求使用自适应的参数进行处理。因此，现在自适应滤波技术得到了非常广泛的研究，它在轨道控制、终端控制以及系统辨识、干扰消除、预测、逆模型等方面的研究具有极其重要的实际应用。特别是在同一频带的干扰信号，即有用信号和干扰信号分布在同一频带，怎么消除干扰信号，去除干扰。从自适应滤波器的迭代方向入手，消除同一频带的噪声信号，这也是本书研究内容的主要应用之一。同时研究的结论也可以应用于目标跟踪领域，以实现对变化频率系统的快速跟踪，所以研究内容将具有极其重要的应用价值和现实意义。

针对利用正交特性选择自适应滤波器迭代方向的研究主要有以下成果。由于归一化最小均方 NLMS 算法计算简单和容易实现，在自适应滤波算法的设计中经常采用 NLMS 算法。在一个固定不变的 N 维坐标系中，自适应滤波 NLMS 算法可以看作是在输入信号方向的迭代，以便获得系统估计输出信号均方误差（mean square error，MSE）的快速收敛。由于高斯白噪声信号服从随机分布，它在信号分布空间各个方向的概率相同。当输入是高斯白噪声信号时，自适应滤波 NLMS 算法在每一步的迭代过程中，各个方向的迭代概率相等。例如，在一个 N 维的输入信号分布空间中，自适应滤波 NLMS 算法在每一个方向迭代的概率等于 $1/N$。因此，采用自适应滤波 NLMS 算法获得了快速的收敛。但是对于高度自相关的输入信号，它在各个方向的分布概率是不相同的，自适应滤波 NLMS 算法在输入信号分布空间各个方向迭代的概率不再相等。因此，自适应滤波 NLMS 算法表现出了收敛速度慢的缺点。为了克服此缺点，一组类似的算法被提出。例如，自适应滤波 APA 算法、自适应滤波 PRA（partial rank algorithm）算法和自适应滤波 NLMS-OCF（normalized least mean square with orthogonal correction factors）算法。这些算法是从不同的研究角度，独立获得的具有相同功能效果的自适应滤波算法。它们利用多个输入向量的关系选择自适应滤波器的迭代方向，使得自适应滤波器在输入信号分布空间各个方向迭代的概率大约相等，以促进自适应滤波器的快速收敛。由于自适应滤波 APA 算法首先被提出，因此本书将以自适应滤波 APA 算法为基础，研究其理论随机统计模型。大量的文献已经研究并建立了自适应滤波 NLMS 算法的理论随机统计模型，分析了自适应滤波 NLMS 算法的收敛性和稳定性[1-2]，研究结果表明建立的理论随机统计模型与实际的自适应滤波 NLMS 算法的仿真结果比较吻合。对自适应滤波 APA 算法收敛性和稳定性也有一些文献进行了研究，特别是文献[3]、[4]建立了自适应滤波 APA 算法的理论随机统计模型，定量的分析了自适应滤波 APA 算法的收敛性和稳定性。但是文献[3]建立的理论随机统计模型的 MSE 与实际的自适应滤波 APA 算法的仿真结果相差较大，文献[4]建立的理论随机统计模型是在假设输入信号模型的参数已知的条件下，并且输入信号限定为自回归（Autoregressive，AR）模型。在本书中，将通过研究自适应滤波 APA 算法的自由度，提出了一种改进的自适应滤波 APA 算法的理论随机统计模型，分析自适应滤波 APA 算法的收敛性和稳定性。同时研究自适应滤波 APA 算法内部的迭代结构，讨论自适应滤波 APA 算法稳定状态的解及其误差。

针对正交自适应 IIR 滤波器结构的研究主要有以下成果。系统传递函数是表征线性时不变系统输入输出关系的一种外部行为，但是存在着无穷多的不同内部行为描述线性时不变系统的外部行为，系统的不同内部行为可以由不同的状态空间方程实现，这些不同的状态空间方程具有不同的测量敏感度和不同的数字特征[5]。这就进一步地激励我们探索不同的系统结构以提高自适应滤波器的性能[6-8]，满足不同的应用需求。平衡实现算法在 1981 年首先提出以后，在大系统降维理论中得到了广泛的应用，它的可控矩阵和可观矩阵的行与列分别相互的正交。由于平衡实现算法最小化了系统可控与可观 Gram 矩阵的最大与最小特征值的比率，具有最小参数的敏感度。因此，我们可以期待平衡实现算法应用到自适应 IIR 滤波器结构的设计中，实现自适应 IIR 滤波器的快速收敛[8-9]。即使由于噪声导致了自适应 IIR 滤波器参数的错误估计，它仍然能够描述一个接近实际系统的模型。现在的问题是怎么实现对离散时间的平衡线性系统建立参数化的模型，也就是怎么用 $(2N+1)$ 个参数表示离散时间系统的系统矩阵。在迭代计算这 $(2N+1)$ 个参数的过程中，自适应 IIR 滤波器一直处于平衡的状态，其中参数 N 表示离散时间系统的阶次。然而到目前为止，这仍然是一个悬而未决的问题[9]。但是由于其具有很大的理论和实际应用价值，很多研究者努力在这方面探索，以期待找到一个用$(2N+1)$个参数表示的平衡自适应IIR滤波器结构，加速自适应IIR滤波器的快速收敛。本书也将研究此问题，希望建立一种平衡自适应IIR滤波器结构。

1.2　平衡实现算法概述

1.2.1　平衡实现算法定义及性质

本小节仅仅讨论离散时间系统平衡实现算法的定义及其性质。对于连续时间系统平衡实现算法的定义和性质，请参考文献[10]。用矩阵$(\boldsymbol{A},\ \boldsymbol{B},\ \boldsymbol{C},\ \boldsymbol{D})$表示一个稳定的离散时间系统，下面将给出关于离散时间系统平衡实现算法的定义和几个定理。

定义1[10]　如果离散时间系统$(\boldsymbol{A},\ \boldsymbol{B},\ \boldsymbol{C},\ \boldsymbol{D})$的可控Gram矩阵

$$\boldsymbol{W}_c=\sum_{i=1}^{\infty}\boldsymbol{A}^i\boldsymbol{B}\boldsymbol{B}^{\mathrm{T}}\left(\boldsymbol{A}^{\mathrm{T}}\right)^i \tag{1-1}$$

和可观Gram矩阵

$$\boldsymbol{W}_O=\sum_{i=1}^{\infty}\left(\boldsymbol{A}^{\mathrm{T}}\right)^i\boldsymbol{C}^{\mathrm{T}}\boldsymbol{C}\boldsymbol{A}^i \tag{1-2}$$

相等，并且都为对角矩阵，则离散时间系统$(\boldsymbol{A},\ \boldsymbol{B},\ \boldsymbol{C},\ \boldsymbol{D})$称为平衡实现的系统。其中平衡实现系统的可控和可观Gram矩阵对角线上的元素都是正数，称为离散时间系统$(\boldsymbol{A},\ \boldsymbol{B},\ \boldsymbol{C},\ \boldsymbol{D})$的奇异值。

定义2[10]　如果两个离散时间系统$(\boldsymbol{A}_1,\ \boldsymbol{B}_1,\ \boldsymbol{C}_1,\ \boldsymbol{D}_1)$和$(\boldsymbol{A}_2,\ \boldsymbol{B}_2,\ \boldsymbol{C}_2,\ \boldsymbol{D}_2)$满足关系式

$$\boldsymbol{A}_1=\boldsymbol{T}^{-1}\boldsymbol{A}_2\boldsymbol{T},\ \boldsymbol{B}_1=\boldsymbol{T}^{-1}\boldsymbol{B}_2,\ \boldsymbol{C}_1=\boldsymbol{C}_2\boldsymbol{T},\ \boldsymbol{D}_1=\boldsymbol{D}_2 \tag{1-3}$$

其中$\boldsymbol{T}$是非奇异矩阵，则称这两个离散时间系统相等，并且这两个离散时间系统具有相同的输入输出特性。

定理1[10]　如果已知一个离散时间系统$(\boldsymbol{A},\ \boldsymbol{B},\ \boldsymbol{C},\ \boldsymbol{D})$，则存在一个非奇异转换矩阵$\boldsymbol{T}$，离散时间系统$\left(\boldsymbol{T}^{-1}\boldsymbol{A}\boldsymbol{T},\ \boldsymbol{T}^{-1}\boldsymbol{B},\ \boldsymbol{C}\boldsymbol{T},\ \boldsymbol{D}\right)$是一种平衡实现的系统，同时与系统$(\boldsymbol{A},\ \boldsymbol{B},\ \boldsymbol{C},\ \boldsymbol{D})$相等。

定理2[10]　如果存在一个对角矩阵$\boldsymbol{\Sigma}>0$，离散时间系统$(\boldsymbol{A},\ \boldsymbol{B},\ \boldsymbol{C},\ \boldsymbol{D})$满足

Lyapunov 方程

$$\begin{cases} \boldsymbol{A\Sigma A}^{\mathrm{T}} + \boldsymbol{BB}^{\mathrm{T}} = \boldsymbol{\Sigma} \\ \boldsymbol{A}^{\mathrm{T}}\boldsymbol{\Sigma A} + \boldsymbol{C}^{\mathrm{T}}\boldsymbol{C} = \boldsymbol{\Sigma} \end{cases} \tag{1-4}$$

则离散时间系统 $(\boldsymbol{A}, \boldsymbol{B}, \boldsymbol{C}, \boldsymbol{D})$ 称为一种平衡实现的系统。在这种条件下矩阵 $\boldsymbol{\Sigma}$ 满足关系式

$$\boldsymbol{\Sigma} = \boldsymbol{W}_c = \boldsymbol{W}_O \tag{1-5}$$

定理 3[9]　离散时间平衡实现系统 $(\boldsymbol{A}, \boldsymbol{B}, \boldsymbol{C}, \boldsymbol{D})$ 的可控矩阵 $\boldsymbol{\Omega}$

$$\boldsymbol{\Omega} \triangleq \left(\boldsymbol{b}, \boldsymbol{Ab}, \cdots, \boldsymbol{A}^{N-1}\boldsymbol{b}, \boldsymbol{A}^{N}\boldsymbol{b}, \cdots, \boldsymbol{A}^{N+i}\boldsymbol{b}, \cdots\right) \tag{1-6}$$

和可观矩阵 $\boldsymbol{\Psi}$

$$\boldsymbol{\Psi} \triangleq \begin{pmatrix} \boldsymbol{c} \\ \boldsymbol{cA} \\ \vdots \\ \boldsymbol{cA}^{N-1} \\ \boldsymbol{cA}^{N} \\ \vdots \\ \boldsymbol{cA}^{N+i} \\ \vdots \end{pmatrix} \tag{1-7}$$

的行与列向量分别相互的正交。

1.2.2　输入信号的平衡

在本书第 2 章对自适应滤波 APA 算法收敛性和稳定性研究的过程中，发现自适应滤波 APA 算法的稳定状态权值均方误差矩阵是一个对角矩阵，并且算法最小化了权值均方误差矩阵的最大与最小特征值的比率。在自适应滤波 APA 算法的阶次等于或者大于输入信号的自相关阶次，实际滤波器的权值大小选择具有最大熵向量的条件下，稳定状态权值均方误差矩阵的最大与最小特征值比率的理论分析结果等于 1，并且自适应滤波 APA 算法的稳定状态权值均方误差矩阵的分析方程具有离散时间平衡实现系统 Lyapunov 方程的形式。因此，可以称自适应滤波 APA 算法为一种输入信号的平衡实现。

很多自适应滤波算法的设计都有性能和复杂性之间的矛盾，APA 算法给设计者提供了自适应滤波器性能和复杂性设计的一个综合方案。自适应滤波器的设计者可以动态的改变自适应滤波 APA 算法的参数获得不同的系统性能，而不用改变自适应滤波 APA 算法的内部迭代结构。因此，自适应滤波 APA 算法获得了广泛

的应用和发展。自适应滤波 APA 算法首先由文献[11]从几何理论研究的角度提出，认为自适应滤波器每步迭代的最佳方向应当与最近过去的 m 个输入信号的方向正交，这可以加速自适应滤波器的快速收敛，其中参数 m 可以表示自适应滤波 APA 算法的计算复杂度。文献[12]通过引入输入信号方向向量的概念，提出了一种新的自适应滤波 APA 算法的迭代模型，指出自适应滤波 APA 算法具有抗扰信号自相关的特性。文献[3]基于如果连续的输入信号方向相互正交，将促进自适应滤波器快速收敛的思想，提出了自适应滤波 NLMS-OCF 算法，而自适应滤波 NLMS-OCF 算法具有与自适应滤波 APA 算法完全相同的外部特性。在本书的第 3 章中，讨论了另一种不同形式的自适应滤波 APA 算法的迭代模型，揭示了自适应滤波 APA 算法的迭代过程与输入向量和输出信号之间的更多内部联系，表明当前自适应滤波器迭代方向的尺度与当前最近的 $(m+1)$ 个输入向量和输出信号都有联系，这是与其他三种不同形式的自适应滤波 APA 算法的迭代模型不同之处。这四种不同形式的自适应滤波 APA 算法的迭代模型，具有完全相同的外部行为，不同的只是系统内部结构的实现方式。

1.2.3 系统结构的平衡

如果离散时间系统 $(\boldsymbol{A}, \boldsymbol{B}, \boldsymbol{C}, \boldsymbol{D})$ 的可控 Gram 矩阵和可观 Gram 矩阵相等，并且为对角矩阵，则离散时间系统 $(\boldsymbol{A}, \boldsymbol{B}, \boldsymbol{C}, \boldsymbol{D})$ 称为平衡实现的系统[10]。如果把平衡实现算法应用到系统结构的设计中，称为一种系统结构的平衡实现，简称为平衡系统。也就是说，离散时间平衡系统 Lyapunov 方程中的可控 Gram 矩阵和可观 Gram 矩阵为同一个对角矩阵。由于平衡系统可控与可观 Gram 矩阵的定义与系统矩阵 $\boldsymbol{D}$ 没有联系，所以平衡系统的定义也与系统矩阵 $\boldsymbol{D}$ 无关系。在建立平衡系统时，可以不考虑系统矩阵 $\boldsymbol{D}$。

通过把平衡实现算法应用到自适应 IIR 滤波器结构的设计中去，获得了一种新的平衡自适应 IIR 滤波器结构。平衡结构的自适应 IIR 滤波器意味着系统的每一步迭代都需要选择适当的“基”，也就是说通过选择适当的系统状态转换矩阵，使得转换后的自适应 IIR 滤波器的可控 Gram 矩阵和可观 Gram 矩阵相等，并且都为对角矩阵，然后基于新的系统矩阵构建自适应 IIR 滤波器结构。

如果离散时间系统的可控 Gram 是一个单位矩阵，则离散时间系统 $(\boldsymbol{A}, \boldsymbol{B}, \boldsymbol{C}, \boldsymbol{D})$ 称为一种输入平衡实现系统[13]。在本书第 6 章中，将通过利用两个输入平衡实现的四乘网格滤波器结构，拟定一种基于输入平衡实现的自适应 IIR 滤波器结构。

1.3 平衡自适应滤波器研究现状

当输入信号是高斯白噪声信号时，采用自适应滤波 NLMS 算法获得了快速的收敛，但是对于高度自相关的输入信号，自适应滤波 NLMS 算法表现出了收敛速度慢的缺点。为了克服滤波器收敛速度慢的缺点，针对怎么样选择自适应滤波器迭代方向的研究中，各种不同的计算有效、快速收敛的自适应滤波算法被提出。文献[11]于 1984 年从几何理论研究的角度首先提出了自适应滤波 APA 算法，指出自适应滤波器的迭代方向应当与最近过去的 m 个输入信号的方向正交，以便促进自适应滤波器估计输出误差信号的快速收敛。文献[14]、[15]通过数字分析的方法，提出了自适应滤波 PRA 算法，同时指出自适应滤波 APA 算法和自适应滤波 PRA 算法是从不同的研究角度，独立获得的具有相同功能效果的自适应滤波算法。文献[3]基于如果连续的输入信号相互正交，将促进自适应滤波器快速收敛的思想，提出了自适应滤波 NLMS-OCF 算法，此算法与自适应滤波 APA 算法具有完全相同的外部特性。文献[16]～[18]分别给出了几种不同类型的快速自适应滤波 APA 算法，减少了自适应滤波器的迭代时间。文献[12]通过定义输入信号方向向量的概念，提出了一种新的自适应滤波 APA 算法的迭代模型。同时第 3 章研究了自适应滤波 APA 算法的迭代模型，这些算法都同文献[11]建立的自适应滤波算法一样，具有完全相同的外部功能效果。

对自适应滤波 NLMS 算法收敛性和稳定性的研究中，现在已经获得了很多有用的结果和结论[1-2]。针对自适应滤波 APA 算法的收敛性和稳定性，现在也已经有一些文献进行了研究，但仍然是在一定的假设条件。在数字传输环境，当输入信号为马尔可夫链模型时，文献[19]准确地分析了自适应滤波 APA 算法的收敛性，给出了含有不同迭代步长的估计输出信号的 MSE。文献[1]通过假定输入信号独立同分布，分析了自适应滤波 NLMS 算法的收敛性和稳定性，建立了自适应滤波 NLMS 算法的理论随机统计模型。而文献[3]根据文献[1]对输入信号模型的假设，定量分析了自适应滤波 APA 算法权值误差和均方误差的收敛性，同时讨论了自适应滤波 APA 算法的稳定条件，并且首先提出了一种自适应滤波 APA 算法的理论随机统计模型。文献[20]基于能量守恒定理，而不把输入信号限定到一个具体的模型，对自适应滤波 APA 算法的收敛性和跟踪性进行了分析。文献[21]通过建立一些可以相互比较的示例，分析了输入信号方向向量的特征，说明了输入信号方向向量具有非常好的统计特性。在高斯回归输入信号的条件下，文献[22]通过对自适应滤波 APA 算法定量的分析，在参数迭代步长等于 1 的条件下，获得了与自适应滤波 NLMS 算法相似的迭代模型。文献[4]、[23]通过把输入信号假定为 AR

模型，在 AR 模型中的参数已知的条件下，通过引入输入信号方向向量的概念，建立了一种自适应滤波 APA 算法的理论随机统计模型，分析了自适应滤波 APA 算法的 MSE 和稳定状态。但是在通常的条件下，输入信号 AR 模型的参数未知。假定回归的数据是在有限存储的条件下，文献[24]给出了自适应滤波 APA 算法准确的收敛模型，分析了自适应滤波 APA 算法权值误差的均值和系统估计输出信号的 MSE，并证明了自适应滤波 APA 算法的权值误差有界。文献[25]通过把进化理论应用到决定自适应滤波 APA 算法的阶次，获得的稳定状态的系统估计输出信号的 MSE 小于传统自适应滤波 APA 算法的稳定状态的 MSE。由于自适应滤波 APA 算法迭代方向的选择性，通过建立自适应滤波 APA 算法的理论随机统计模型，对自适应滤波 APA 算法收敛性和稳定性的研究，是当前数字信号统计理论中研究的一个热点问题。基于多信道实时有源噪声控制的应用，文献[26]建立了一种快速的 APA 算法。针对回声消除，文献[27]提出了一种变步长参数的 APA 算法，获得了很高的收敛速率和很好的跟踪特性。文献[28]研究并建立了一种快速变步长的 APA 算法，提高了算法的收敛速度。文献[29]基于 APA 算法，研究了分布式估计，表明相比于 LMS 算法，促进了快速的收敛和稳定的性能。文献[30]通过把指数平滑因素应用到 APA 算法，提出了一个变步长的 APA 算法。

文献[10]、[31]于 1981 年首先提出了线性时不变系统的平衡实现算法，分别构建了连续时间系统和离散时间系统的输入与输出之间的一个状态空间方程的平衡，并将平衡实现算法应用到大系统降维理论。文献[32]基于平衡状态空间方程建立了一个大系统降维模型。文献[33]于 1983 年提出了一种通用的平衡实现算法，讨论了不同系统的平衡实现，以及平衡实现算法的一些基本性质。文献[34]、[35]研究并获得了把任意状态空间方程转换为平衡系统状态空间方程的一个状态空间转换矩阵。文献[36]、[37]研究了离散时间系统的内部平衡实现算法，建立了稳定系统传递函数矩阵的内部平衡实现。文献[38]研究了规范化的平衡实现方法，文献[39]于 1987 年建立了一个规范化的平衡实现算法参数化的表示方法，通过建立连续时间系统的平衡实现模型，利用双线性转换形成离散时间系统的平衡实现模型。非常幸运的是双线性转换仍然保证了系统可控 Gram 矩阵和可观 Gram 矩阵的对角化，并且相等。文献[40]、[41]研究了非线性系统中的平衡实现算法，同时文献[42]利用泰勒展开式获得了一个大系统降维的模型。文献[43]基于系统可控与可观的 Gram 矩阵，于 1986 年研究了状态空间方程参数的敏感度。在最近几十年的时间里，研究人员基于可控和可观 Gram 矩阵，对平衡实现算法进行了大量的研究[44-47]，平衡实现算法在系统辨识[48-51]、大系统理论降维等中得到了广泛的应用。文献[52]、[53]基于全通离散时间系统，研究建立了平衡实现的方法。文献[54]利用长除法，把一个 IIR 系统简化为一个高阶逼近的有限冲激响应（finite impulse response，FIR）系统，通过计算获得 FIR 系统的 Gram 矩阵，然后采用平衡实现算法获得了一个降阶的 FIR 系统。文献[55]把 IIR 系统传递函数的分子和分母分别看作是两个 FIR 系统，获得两个 FIR 系统的 Gram 矩阵，再把平衡实现算法分别应用到两个 FIR 系统，以便实现系统的降阶。文献[56]基于时变系统的 Lyapunov 方程，通过对连续时间系统和离散时间系统的研究，获得了一个截断的平衡线性时变系统，同时给出了截断平衡线性系统的上下边界误差。文献[57]利用平衡实现算法，建立了一个用有限维系统逼近无限维线形系统的模型，同时有限维系统保留了系统特别的输入输出行为。文献[58]于 2003 年提出了在频域建立平衡实现的方法，分析了一些设计动态滤波器边界的问题。文献[8]、[9]指出平衡实现算法具有最小参数的敏感度，因此，推测平衡自适应 IIR 滤波器结构将导致系统估计输出信号 MSE 的快速收敛。文献[59]通过研究文献[39]和 Schur 算法的关系，建立了一种新的递归构建连续时间平衡实现系统的方法。

文献[60]基于输入平衡实现系统的参数，建立了一个二阶数字滤波器结构。文献[9]、[61]～[67]比较系统地讲述了自适应滤波器的一些性质、算法和结构，以及现在自适应滤波器的一些结论和问题。特别是文献[9]、[49]、[68]、[69]，分析了自适应 IIR 滤波器的收敛速度。文献[70]、[71]基于文献[39]研究的连续时间系统平衡实现的方法，给出了一种平衡自适应 IIR 滤波器结构，研究结果表明基于平衡实现的方法促进了自适应 IIR 滤波器的快速收敛，但是由于离散时间系统的平衡实现模型是由连续时间系统的平衡实现模型经过双线性转换而得到的，因此导致了非常大的计算复杂度，使得与具体的应用需求仍旧有一定的差距。文献[72]指出，相比直接形式的数字滤波器，基于状态空间方程模型的数字滤波器的实现需要特别的计算负担，但是由于基于状态空间方程的方法提供了一个有效获得高精确、高有效的滤波器的工具，使得基于平衡实现方法的时不变滤波器具有最小参数的敏感度。对于周期时变滤波器[73-74]，由于具有很多不同于时不变和通常的一些时变滤波器的性质，并且容易采用具有周期性时变参数的差分方程或状态空间方程表示，因此文献[75]基于平衡实现算法建立了一种周期时变状态数字滤波器，并讨论了周期时变状态数字滤波器的可控 Gram 矩阵和可观 Gram 矩阵。到目前，很多优化的滤波器算法已经被提出[61,76-79]，在这些模型中系统的可控 Gram 矩阵和可观 Gram 矩阵占据着一个很重要的位置。文献[80]～[82]指出对于设计选择频率的滤波器，频率转换是一个非常重要的技术，因此文献[83]通过对状态空间方程进行频域的转换，发现滤波器具有了很高的抗噪性。文献[84]基于离散时间系统，给出了一种最小平衡实现的方法，其中离散时间平衡系统的参数直接来自系统传递函数的参数。文献[69]基于平衡实现的理论，提出了一种自适应 IIR 滤波器极点的参数化，并对自适应滤波极点参数的局部误差进行了分析。文献[49]通过把平衡实现算法应用到自适应 IIR 滤波器的逆辨识中，获得了连续逼近的逆辨识模型。文献[13]、[85]通过给出输入平衡实现系统的定义，提出了一种基于输入平衡实现的自适应 IIR 滤波器，并设计出了自适应 IIR 滤波器结构。文献[86]分析了一种极点为实数的二阶数字滤波器的平衡实现结构，其中平衡系统矩阵的参数直接来自系统传递函数的参数。

由于平衡实现算法具有最小参数的敏感度，导致平衡实现算法具有很多有意义的应用。如果根据此性质，可以设计出平衡自适应 IIR 滤波器结构，在稳定输入的条件下，平衡自适应 IIR 滤波器的每一步迭代过程都最小化系统可控与可观 Gram 矩阵的最大与最小特征值的比率，使得平衡自适应 IIR 滤波器的估计输出信号的 MSE 可以达到快速的收敛，将具有极其重大的理论和应用价值。因此，近几年研究人员对这方面进行了大量的研究，以期望找到一个平衡自适应 IIR 滤波器结构，但是由于缺乏保证平衡自适应 IIR 滤波器的参数在迭代计算时仍然保持系统的平衡实现，所以到目前还没有发现一种直接利用离散时间系统 Lyapunov 方程建立的平衡自适应 IIR 滤波结构[8-9]。因此，基于平衡实现的方法对自适应 IIR 滤波器结构的研究是一个难点问题。

1.4　章 节 安 排

针对文献[3]、[4]建立的自适应滤波 APA 算法的理论随机统计模型的不足，通过研究自适应滤波 APA 算法的迭代方向对滤波器收敛性和稳定性的影响，提出了一个改进的自适应滤波 APA 算法的理论随机统计模型。为了获得一个简单的自适应滤波 APA 算法的理论随机统计模型，本书给出了四个假设条件，并在此基础上通过研究自适应滤波 APA 算法权值误差和均分误差的回归方程，分析了自适应滤波 APA 算法的自由度，建立了自适应滤波 APA 算法的理论随机统计模型，获得了自适应滤波 APA 算法稳定的条件。

文献[3]、[11]、[12]提出的三种不同类型的自适应滤波 APA 算法模型缺少对内部结构特征的描述，因此无法直接获得自适应滤波 APA 算法稳定状态的解。然后基于所研究的自适应滤波 APA 算法的迭代模型，获得了自适应滤波 APA 算法稳定状态的解，同时分析了自适应滤波 APA 算法稳定状态解的误差及其对参数迭代步长的敏感度。

针对文献[70]、[71]建立的基于连续时间系统 Lyapunov 方程的平衡自适应 IIR 滤波器结构，导致了非常大的计算复杂度。本书首先依据文献[84]给出的一种离散时间单输入单输出（single-input single-output，SISO）系统的平衡实现，分析了对其进行参数化处理的过程。随后讨论了一种参数化的离散时间多输入多输出

（multiple-input multiple-output，MIMO）系统的平衡实现。接着研究了离散时间平衡系统的系统矩阵对平衡参数的敏感度，研究了一种基于离散时间系统 Lyapunov 方程的平衡自适应 IIR 滤波器结构，实现了用$(2N+1)$个参数表示离散时间的平衡系统矩阵。自适应滤波器在迭代这$(2N+1)$个参数的过程中，系统的可控 Gram 矩阵和可观 Gram 矩阵一直处于对角化状态，并且迭代的每一步始终相等。保证了平衡自适应 IIR 滤波器参数的每一步迭代都最小化了系统可控与可观 Gram 矩阵的最大与最小特征值的比率，并对所分析的平衡自适应 IIR 滤波器算法在软件 MATLAB 中进行了仿真。仿真结果表明平衡自适应 IIR 滤波算法收敛到系统估计输出信号的最小均方误差。本书共分为 9 章，具体内容安排如下：

第 1 章绪论部分从研究背景及意义、平衡实现算法的概述和研究现状，以及各章节安排进行了论述。

第 2 章提出了一种改进的自适应滤波 APA 算法的理论随机统计模型。在参数迭代步长等于 1 的条件下，分析了自适应滤波 APA 算法权值误差和 MSE 的理论迭代模型，获得了自适应滤波 APA 算法的一个与输入信号方向向量的最大与最小特征值的比值有重要联系的稳定条件。同时对自适应滤波 APA 算法稳定状态的 MSE 进行了分析，获得了稳定状态 MSE 的解。最后对本书所获得的自适应滤波 APA 算法的理论随机统计模型在 MATLAB 中进行了仿真，仿真结果表明相比文献[4]、[23]获得了很大的改进和提高。

第 3 章研究了自适应滤波 APA 算法的迭代模型。获得的模型显示出了比较详细的内部结构特征，表明自适应滤波 APA 算法的系统估计输出误差信号与当前的$(m+1)$个输入向量和输出信号都有联系。基于自适应滤波 APA 算法的迭代模型，利用数字信号的统计理论，获得了自适应滤波 APA 算法稳定状态的解。然后对自适应滤波 APA 算法稳定状态解的误差和对参数迭代步长的敏感度进行了分析，发现在系统稳定的状态，这两项全部等于零，说明采用数字信号统计理论获得的自适应滤波 APA 算法稳定状态的解对参数迭代步长不是非常的敏感。在软件 MATLAB 中的仿真结果表明：利用数字信号统计理论获得的自适应滤波 APA 算法稳定状态的解优于采用传统的迭代方法获得的稳定状态的解。

第 4 章提出了一种变步长的 AP-REE（VSS-AP-REE）算法，通过实时的估计 AP-REE 算法的迭代步长，获得了一个优化的解，促进 AP-REE 算法在迭代方向 MSE 的下降速度。在软件 MATLAB 中的仿真结果表明：VSS-AP-REE 提升了自适应滤波器的收敛速度。同时，通过把该算法运用在信道均衡模式，分析了其抗非平稳干扰的能力。

第 5 章针对 PAPA 算法收敛速度慢的问题，建立了一种基于直接迭代误差的 APA（AP-DE）算法，并证明了其迭代误差引起方向与自适应滤波器的迭代方向完全一致。在分析了其在迭代方向上的权值平均误差和权值均方差基础上建立了 AP-DE 算法优化的迭代步长。最后，对 AP-DE 算法的稳定状态均方误差的性能进行了分析。在软件 MATLAB 中的仿真结果表明：本章所建立的理论分析模型与 AP-DE 算法预期结果一致。同时，该方法在信道均衡模型中具有一定的抑制非平稳干扰能力。

第 6 章在对输入向量和输入信号方向向量假定的基础上，分析了第 5 章提出的 AP-DE 算法跟踪性的随机统计模型，推导出了权重误差和权值均方误差跟踪性的递归迭代表达式，并建立了 AP-DE 算法稳定状态的解。在软件 MATLAB 中的仿真结果表明：AP-DE 算法的跟踪性随机统计模型与仿真结果拟合效果较好。

第 7 章讨论了一种参数化的离散时间 MIMO 系统的平衡实现方法，同时依据文献[84]提出的一种离散时间 SISO 系统的平衡实现算法，分析了对离散时间 SISO 系统的平衡实现进行参数化处理的过程，以便为第 5 章分析一种平衡自适应 IIR 滤波器结构提供基础。

第 8 章研究了一种平衡自适应 IIR 滤波器结构。本章首先对离散时间平衡系统的系统矩阵对平衡系统参数的敏感度进行了分析，获得了基于平衡状态空间方程的系统传递函数对平衡参数的导数，然后基于最小二乘法（least-mean-square，LMS）算法获得了一种平衡自适应 IIR 滤波器结构，平衡自适应 IIR 滤波器的每一步迭代的过程中都最小化了系统可控与可观 Gram 矩阵的最大与最小特征值的比率。仿真的结果表明所建立的平衡自适应 IIR 滤波器可以加速系统估计输出误差信号的收敛。

第 9 章拟定了一种基于输入平衡实现的自适应 IIR 滤波器结构。本章通过把离散时间系统的传递函数分解为两个多项式的乘积，利用四乘网格滤波器结构，拟定了一种基于输入平衡实现的自适应 IIR 滤波器结构。同时证明了四乘网格滤波器是一种输入平衡实现的结构。仿真的结果表明：所拟立的基于输入平衡实现的自适应 IIR 滤波器促进了系统估计输出误差信号的快速收敛，说明此结构具有非常好的抗噪性能。

第 2 章　自适应滤波 APA 算法的理论随机统计模型

很多自适应滤波算法的设计都有性能和复杂性之间的矛盾，而 APA 算法给设计者提供了自适应滤波器性能和复杂性设计的一个综合方案。自适应滤波器结构的设计者可以通过更新 APA 算法的参数获得不同的滤波性能，而不用改变自适应滤波 APA 算法的内部迭代结构。因此，自适应滤波 APA 算法在 1984 年首先提出以后获得了广泛的研究与应用。文献[3]、[4]建立了自适应滤波 APA 算法的理论随机统计模型，定量分析了自适应滤波 APA 算法的收敛性和稳定性。但是文献[3]建立的理论随机统计模型的 MSE 与实际自适应滤波 APA 算法的仿真结果相差较大，文献[4]建立的理论随机统计模型是在输入信号模型参数已知的条件下，并且限定输入信号为 AR 模型。本章通过对输入信号方向向量统计特性的定量分析，研究了自适应滤波 APA 算法的自由度。为了便于研究自适应滤波 APA 算法的理论随机统计模型，给出了四个假设条件，获得了自适应滤波 APA 算法的权值误差和 MSE 回归的理论表达式，并且所获得的理论随机统计模型适用于自回归移动平均（autoregressive moving average，ARMA）输入信号模型。同时分析了自适应滤波 APA 算法稳定状态的 MSE，仿真结果表明研究的理论随机统计模型与自适应滤波 APA 算法拟合得比较好。本章的内容安排如下：2.1 节给出了自适应滤波 APA 算法的迭代模型和关于自适应滤波 APA 算法的一些性质；2.2 节通过给出四个假设条件，研究了自适应滤波 APA 算法权值误差的理论随机统计模型，得到了自适应滤波 APA 算法稳定的一个约束条件；2.3 节建立了自适应滤波 APA 算法 MSE 的理论随机统计模型，同时分析了输入信号方向向量的特征值相等的情况；2.4 节分析了自适应滤波 APA 算法稳定状态的 MSE；2.5 节对文献[4]和研究建立的理论随机统计模型在仿真软件 MATLAB 中进行了比较，验证了所建立的自适应滤波 APA 算法的理论随机统计模型的有效性；2.6 节对本章研究的内容进行了总结。

2.1　自适应滤波 APA 算法

图 2-1 表示的是自适应滤波器在系统辨识中的模型。系统的输入是均值等于 0 的稳定信号 x_n，相应的输出信号是 d_n，自适应滤波器的估计输出信号是 $\hat{d}_n$，系统的测量噪声是 ε_n。利用抽头延迟线（tapped delay line，TDL）可以把输入信号转换为输入向量 $\boldsymbol{x}_n$，定义为

$$\boldsymbol{x}_n = \left(x_n, x_{n-1}, \cdots, x_{n-N+1}\right)^{\mathrm{T}} \tag{2-1}$$

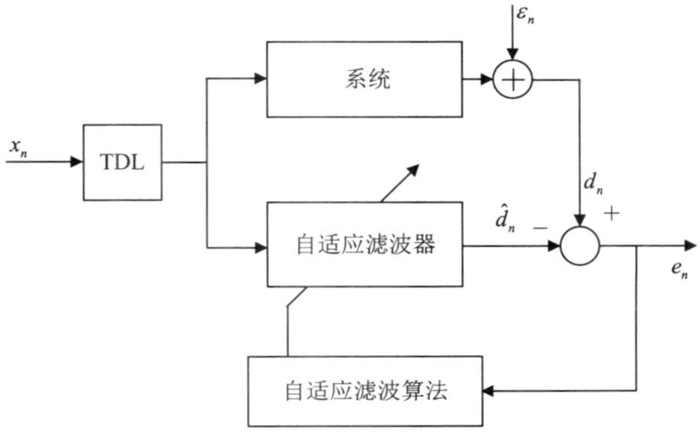

图 2-1　自适应滤波器的辨识模型

自适应滤波器辨识的目标是在离散的时间点 n，通过利用最近的 $(m+1)$ 个输入向量，估计一个 N 维的权值向量 $\boldsymbol{w}_n$。其中 $(m+1)$ 个输入向量构成系统的输入信号矩阵 $\boldsymbol{X}_{n,m+1}$，定义为

$$\boldsymbol{X}_{n,m+1} = \left(\boldsymbol{x}_n, \boldsymbol{x}_{n-1}, \cdots, \boldsymbol{x}_{n-m}\right) \tag{2-2}$$

自适应滤波算法通过调整自适应滤波器的估计权值向量 $\boldsymbol{w}_n$，系统地估计输出信号 $\hat{d}_n$ 与可能包含系统测量噪声 ε_n 的实际系统测量的输出信号 y_n 之间的 MSE 最小。在本章中，自适应滤波 APA 算法将用来分析和估计权值向量 $\boldsymbol{w}_n$，以及它们之间的误差。

文献[11]、[12]给出了用自适应滤波器实现 APA 算法迭代更新估计权值向量的结构，迭代的过程如下：

$$\hat{d}_n = \boldsymbol{w}_n^{\mathrm{H}} \boldsymbol{x}_n \tag{2-3a}$$

$$e_n = d_n - \hat{d}_n \tag{2-3b}$$

$$\boldsymbol{w}_{n+1} = \boldsymbol{w}_n + \mu \frac{e_n^*}{\boldsymbol{\varphi}_n^{\mathrm{H}} \boldsymbol{\varphi}_n} \boldsymbol{\varphi}_n \tag{2-3c}$$

式中，e_n 表示系统估计输出的误差信号；参数 μ 表示自适应滤波器的迭代步长；$\boldsymbol{w}_n$ 表示在迭代时间点 n，自适应滤波器的估计权值向量；$\boldsymbol{\varphi}_n$ 表示输入信号的方向向量，定义为

$$\boldsymbol{\varphi}_n = \boldsymbol{x}_n - \boldsymbol{X}_{n-1,m} \hat{\boldsymbol{\alpha}}_n \tag{2-3d}$$

如果自适应滤波 APA 算法的阶次等于或者大于输入信号的自相关阶次，那么

输入信号的方向向量 $\boldsymbol{\varphi}_n$ 中的元素都是相互独立的高斯白噪声数据[4,23]。其中输入信号的自相关向量 $\hat{\boldsymbol{\alpha}}_n=\left(\hat{a}_{n,1}, \hat{a}_{n,2}, \cdots, \hat{a}_{n,m}\right)^{\mathrm{T}}$ 可以利用下面的方程式获得

$$\hat{\boldsymbol{\alpha}}_n=\left(\boldsymbol{X}_{n-1,m}^{\mathrm{H}}\boldsymbol{X}_{n-1,m}\right)^{-1}\boldsymbol{X}_{n-1,m}^{\mathrm{H}}\boldsymbol{x}_n \tag{2-3e}$$

把式（2-3e）代入式（2-3d），得

$$\begin{aligned}\boldsymbol{\varphi}_n&=\boldsymbol{x}_n-\boldsymbol{X}_{n-1,m}\left(\boldsymbol{X}_{n-1,m}^{\mathrm{H}}\boldsymbol{X}_{n-1,m}\right)^{-1}\boldsymbol{X}_{n-1,m}^{\mathrm{H}}\boldsymbol{x}_n\\&=\left[\boldsymbol{I}-\boldsymbol{X}_{n-1,m}\left(\boldsymbol{X}_{n-1,m}^{\mathrm{H}}\boldsymbol{X}_{n-1,m}\right)^{-1}\boldsymbol{X}_{n-1,m}^{\mathrm{H}}\right]\boldsymbol{x}_n\end{aligned} \tag{2-4}$$

由式（2-4）可以看出，在 N 维的输入信号分布空间坐标系中，输入信号方向向量 $\boldsymbol{\varphi}_n$ 的能量仅仅分布在 $(N-m)$ 个不同的方向，其他的 m 个不同方向的能量等于 0。因此，可知输入信号方向向量 $\boldsymbol{\varphi}_n$ 的自由度等于 $(N-m)$。在式（2-4）两边前乘以输入信号矩阵的 Hermitian 转换 $\boldsymbol{X}_{n-1,m}^{\mathrm{H}}$，得

$$\begin{aligned}\boldsymbol{X}_{n-1,m}^{\mathrm{H}}\boldsymbol{\varphi}_n&=\left[\boldsymbol{X}_{n-1,m}^{\mathrm{H}}-\boldsymbol{X}_{n-1,m}^{\mathrm{H}}\boldsymbol{X}_{n-1,m}\left(\boldsymbol{X}_{n-1,m}^{\mathrm{H}}\boldsymbol{X}_{n-1,m}\right)^{-1}\boldsymbol{X}_{n-1,m}^{\mathrm{H}}\right]\boldsymbol{x}_n\\&=\left(\boldsymbol{X}_{n-1,m}^{\mathrm{H}}-\boldsymbol{X}_{n-1,m}^{\mathrm{H}}\right)\boldsymbol{x}_n\\&=\boldsymbol{0}\end{aligned} \tag{2-5}$$

式（2-5）的结论表明输入信号的方向向量 $\boldsymbol{\varphi}_n$ 与最近输入的 m 个输入向量都正交，具有 $F=N-m$ 的自由度。在某些应用中，最关心的是自适应滤波器的收敛速度。在系统测量噪声缺省的条件下，当自适应滤波 APA 算法的迭代步长 μ 等于 1 时，获得最快的收敛速度[3]，所以在本章仅仅考虑参数迭代步长 μ 等于 1 时的情况。其中输入信号的方向向量 $\boldsymbol{\varphi}_n$ 由式（2-4）给出，它是利用最小二乘方法，通过对最近输入的 $(m+1)$ 个输入向量计算而得。因此，自适应滤波 APA 算法的收敛特性依赖于输入信号方向向量 $\boldsymbol{\varphi}_n$ 的统计特性，也就是依赖于它的相关系数矩阵 $\boldsymbol{R}_{\varphi}=E\left(\boldsymbol{\varphi}_n\boldsymbol{\varphi}_n^{\mathrm{H}}\right)$。

2.2　权值误差分析

为了便于简单的分析自适应滤波 APA 算法的收敛性和稳定状态的 MSE，假定输入信号的方向向量和实际滤波器的权值向量符合下面的四个假设条件：

假设 A1　输入信号方向向量 $\boldsymbol{\varphi}_n$ 中的各个元素均值等于零，协方差矩阵等于

$$\boldsymbol{R}_{\varphi}=E\left(\boldsymbol{\varphi}_n\boldsymbol{\varphi}_n^{\mathrm{H}}\right)=\boldsymbol{V}\boldsymbol{\Lambda}\boldsymbol{V}^{\mathrm{H}} \tag{2-6}$$

其中输入信号方向向量 $\boldsymbol{\varphi}_n$ 的特征值矩阵为 $\boldsymbol{\Lambda}=\mathrm{diag}\left(\lambda_1, \lambda_2, \cdots, \lambda_N\right)$，特征向量矩阵为 $\boldsymbol{V}=\left(\boldsymbol{v}_1, \boldsymbol{v}_2, \cdots, \boldsymbol{v}_N\right)$，其中各特征向量相互正交，即 $\boldsymbol{V}^{\mathrm{H}}\boldsymbol{V}=\boldsymbol{I}$，矩阵 $\boldsymbol{I}$ 是一个 N 阶的单位矩阵。

假设 A2　定义输入信号方向向量转换后的向量等于

$$\boldsymbol{u}_n = \boldsymbol{V}^{\mathrm{H}}\boldsymbol{\varphi}_n \tag{2-7}$$

其中向量 $\boldsymbol{u}_n = \left(u_{n,1}, u_{n,2}, \cdots, u_{n,N}\right)^{\mathrm{T}}$ 中的元素相互独立，并且每一个元素的均值等于零，服从高斯分布。向量 $\boldsymbol{u}_n$ 同输入信号的方向向量 $\boldsymbol{\varphi}_n$ 一样，自由度等于 $(N-m)$，协方差矩阵等于

$$\boldsymbol{R}_{\boldsymbol{u}} = E\left(\boldsymbol{u}_n\boldsymbol{u}_n^{\mathrm{H}}\right) = \boldsymbol{\Lambda} \tag{2-8}$$

定义向量 $\boldsymbol{u}_n$ 中元素的复数形式为

$$u_{n,p} = x_{n,p} + \mathrm{j}y_{n,p} \tag{2-9}$$

其中实部 $x_{n,p}$ 和虚部 $y_{n,p}$ 相互独立，即

$$E\left(x_{n,p}y_{n,p}\right) = E\left(x_{n,p}\right)E\left(y_{n,p}\right) \tag{2-10}$$

并且实部 $x_{n,p}$ 和虚部 $y_{n,p}$ 的均值都等于 0

$$E\left(x_{n,p}\right) = E\left(y_{n,p}\right) = 0 \tag{2-11}$$

相应的实部 $x_{n,p}$ 和虚部 $y_{n,p}$ 的方差等于

$$\sigma_{x,p}^2 = E\left(x_{n,p}^2\right) \tag{2-12a}$$

$$\sigma_{y,p}^2 = E\left(y_{n,p}^2\right) \tag{2-12b}$$

由此可得

$$\begin{aligned} E\left(u_{n,p}u_{n,p}^*\right) &= E\left[\left(x_{n,p} + \mathrm{j}y_{n,p}\right)\left(x_{n,p} - \mathrm{j}y_{n,p}\right)\right] \\ &= E\left(x_{n,p}^2\right) + E\left(y_{n,p}^2\right) \\ &= \sigma_{x,p}^2 + \sigma_{y,p}^2 \\ &= \lambda_p \end{aligned} \tag{2-13}$$

在本章后面的分析中，实部 $x_{n,p}$ 和虚部 $y_{n,p}$ 的方差假定相等，等于

$$\sigma_{x,p}^2 = \sigma_{y,p}^2 = \frac{1}{2}\lambda_p \tag{2-14}$$

假设 A3　假设存在着一个真实的 N 维系统的权值向量 $\boldsymbol{w}^0$，因此，相应的系统估计输出误差信号可以表示为

$$\begin{aligned} e_n &= d_n - \hat{d}_n \\ &= \boldsymbol{w}^{0\mathrm{H}}\boldsymbol{x}_n - \boldsymbol{w}_n^{\mathrm{H}}\boldsymbol{x}_n + \varepsilon_n \\ &= \tilde{\boldsymbol{w}}_n^{\mathrm{H}}\boldsymbol{x}_n + \varepsilon_n \end{aligned} \tag{2-15}$$

其中

$$\tilde{\boldsymbol{w}}_n = \boldsymbol{w}^0 - \boldsymbol{w}_n \tag{2-16a}$$

$$\varepsilon_n = d_n - \boldsymbol{w}^{0\mathrm{H}}\boldsymbol{x}_n \tag{2-16b}$$

系统的测量噪声 ε_n 是均值等于 0 的白噪声信号，其方差等于 σ_ε^2。系统的测量噪声 ε_n 独立于输入信号的方向向量 $\boldsymbol{\varphi}_n$。

假设 A4　假设系统的真实权值向量 $\boldsymbol{w}^0$ 具有最大熵，也就是说在输入信号方向向量 $\boldsymbol{\varphi}_n$ 的各个特征向量具有相同大小的幅值。在本章中假定输入信号分布空间中各个方向的幅值大小等于 1，因此可得

$$\boldsymbol{w}^0 = \boldsymbol{V}\boldsymbol{1} \tag{2-17}$$

其中幅值向量 $\boldsymbol{1} = (1, 1, \cdots, 1)^{\mathrm{T}}$。

在上面的四个假设条件下，自适应滤波 APA 算法收敛性的分析将会变得比较容易。为了分析式（2-3）的收敛特性，首先把式（2-15）代入式（2-3c），同时使自适应滤波器的参数迭代步长 μ 等于 1，获得如下方程式

$$\boldsymbol{w}_{n+1} = \boldsymbol{w}_n + \frac{\boldsymbol{\varphi}_n \boldsymbol{x}_n^{\mathrm{H}}}{\boldsymbol{\varphi}_n^{\mathrm{H}}\boldsymbol{\varphi}_n}\tilde{\boldsymbol{w}}_n + \frac{\boldsymbol{\varphi}_n \varepsilon_n^*}{\boldsymbol{\varphi}_n^{\mathrm{H}}\boldsymbol{\varphi}_n} \tag{2-18}$$

结合式（2-16a）和式（2-18），可得自适应滤波 APA 算法的估计权值向量误差迭代方程

$$\tilde{\boldsymbol{w}}_{n+1} = \tilde{\boldsymbol{w}}_n - \frac{\boldsymbol{\varphi}_n \boldsymbol{x}_n^{\mathrm{H}}}{\boldsymbol{\varphi}_n^{\mathrm{H}}\boldsymbol{\varphi}_n}\tilde{\boldsymbol{w}}_n - \frac{\boldsymbol{\varphi}_n \varepsilon_n^*}{\boldsymbol{\varphi}_n^{\mathrm{H}}\boldsymbol{\varphi}_n} \tag{2-19}$$

在式（2-19）前分别乘以输入信号方向向量的 Hermitian 转换 $\boldsymbol{\varphi}_n^{\mathrm{H}}$，输入向量的 Hermitian 转换 $\boldsymbol{x}_n^{\mathrm{H}}$ 和输入信号矩阵的 Hermitian 转换 $\boldsymbol{X}_{n-1,m}^{\mathrm{H}}$ [12]。利用式（2-3d）结果的 Hermitian 转换 $\boldsymbol{x}_n^{\mathrm{H}} = \boldsymbol{\varphi}_n^{\mathrm{H}} + \hat{\boldsymbol{\alpha}}_n^{\mathrm{H}}\boldsymbol{X}_{n-1,m}^{\mathrm{H}}$ 和式（2-5）的结果 $\boldsymbol{X}_{n-1,m}^{\mathrm{H}}\boldsymbol{\varphi}_n = \boldsymbol{0}$，得

$$\begin{aligned}\boldsymbol{\varphi}_n^{\mathrm{H}}\tilde{\boldsymbol{w}}_{n+1} &= \boldsymbol{\varphi}_n^{\mathrm{H}}\tilde{\boldsymbol{w}}_n - \frac{\boldsymbol{\varphi}_n^{\mathrm{H}}\boldsymbol{\varphi}_n \boldsymbol{x}_n^{\mathrm{H}}}{\boldsymbol{\varphi}_n^{\mathrm{H}}\boldsymbol{\varphi}_n}\tilde{\boldsymbol{w}}_n - \frac{\boldsymbol{\varphi}_n^{\mathrm{H}}\boldsymbol{\varphi}_n \varepsilon_n^*}{\boldsymbol{\varphi}_n^{\mathrm{H}}\boldsymbol{\varphi}_n} \\ &= \boldsymbol{\varphi}_n^{\mathrm{H}}\tilde{\boldsymbol{w}}_n - \boldsymbol{x}_n^{\mathrm{H}}\tilde{\boldsymbol{w}}_n - \varepsilon_n^*\end{aligned} \tag{2-20a}$$

$$\begin{aligned}\boldsymbol{x}_n^{\mathrm{H}}\tilde{\boldsymbol{w}}_{n+1} &= \boldsymbol{x}_n^{\mathrm{H}}\tilde{\boldsymbol{w}}_n - \frac{\boldsymbol{x}_n^{\mathrm{H}}\boldsymbol{\varphi}_n \boldsymbol{x}_n^{\mathrm{H}}}{\boldsymbol{\varphi}_n^{\mathrm{H}}\boldsymbol{\varphi}_n}\tilde{\boldsymbol{w}}_n - \frac{\boldsymbol{x}_n^{\mathrm{H}}\boldsymbol{\varphi}_n \varepsilon_n^*}{\boldsymbol{\varphi}_n^{\mathrm{H}}\boldsymbol{\varphi}_n} \\ &= \boldsymbol{x}_n^{\mathrm{H}}\tilde{\boldsymbol{w}}_n - \frac{\boldsymbol{\varphi}_n^{\mathrm{H}}\boldsymbol{\varphi}_n \boldsymbol{x}_n^{\mathrm{H}}}{\boldsymbol{\varphi}_n^{\mathrm{H}}\boldsymbol{\varphi}_n}\tilde{\boldsymbol{w}}_n - \frac{\hat{\boldsymbol{\alpha}}_n^{\mathrm{H}}\boldsymbol{X}_{n-1,m}^{\mathrm{H}}\boldsymbol{\varphi}_n \boldsymbol{x}_n^{\mathrm{H}}}{\boldsymbol{\varphi}_n^{\mathrm{H}}\boldsymbol{\varphi}_n}\tilde{\boldsymbol{w}}_n \\ &\quad - \frac{\boldsymbol{\varphi}_n^{\mathrm{H}}\boldsymbol{\varphi}_n \varepsilon_n^*}{\boldsymbol{\varphi}_n^{\mathrm{H}}\boldsymbol{\varphi}_n} - \frac{\hat{\boldsymbol{\alpha}}_n^{\mathrm{H}}\boldsymbol{X}_{n-1,m}^{\mathrm{H}}\boldsymbol{\varphi}_n \varepsilon_n^*}{\boldsymbol{\varphi}_n^{\mathrm{H}}\boldsymbol{\varphi}_n} \\ &= \boldsymbol{x}_n^{\mathrm{H}}\tilde{\boldsymbol{w}}_n - \boldsymbol{x}_n^{\mathrm{H}}\tilde{\boldsymbol{w}}_n - \varepsilon_n^* \\ &= -\varepsilon_n^*\end{aligned} \tag{2-20b}$$

$$\boldsymbol{X}_{n-1,m}^{\mathrm{H}}\tilde{\boldsymbol{w}}_{n+1}=\boldsymbol{X}_{n-1,m}^{\mathrm{H}}\tilde{\boldsymbol{w}}_{n}-\frac{\boldsymbol{X}_{n-1,m}^{\mathrm{H}}\boldsymbol{\varphi}_{n}\boldsymbol{x}_{n}^{\mathrm{H}}}{\boldsymbol{\varphi}_{n}^{\mathrm{H}}\boldsymbol{\varphi}_{n}}\tilde{\boldsymbol{w}}_{n}-\frac{\boldsymbol{X}_{n-1,m}^{\mathrm{H}}\boldsymbol{\varphi}_{n}\varepsilon_{n}^{*}}{\boldsymbol{\varphi}_{n}^{\mathrm{H}}\boldsymbol{\varphi}_{n}}$$
$$=\boldsymbol{X}_{n-1,m}^{\mathrm{H}}\tilde{\boldsymbol{w}}_{n} \tag{2-20c}$$

利用式（2-2）和式（2-20c），可以得

$$\begin{cases}\boldsymbol{x}_{n-1-\delta}^{\mathrm{H}}\tilde{\boldsymbol{w}}_{n}=\boldsymbol{x}_{n-1-\delta}^{\mathrm{H}}\tilde{\boldsymbol{w}}_{n-1};\ 1\leqslant\delta\leqslant m\\ \boldsymbol{x}_{n-2-\tau}^{\mathrm{H}}\tilde{\boldsymbol{w}}_{n-1}=\boldsymbol{x}_{n-2-\tau}^{\mathrm{H}}\tilde{\boldsymbol{w}}_{n-2};\ 1\leqslant\tau\leqslant m-1\\ \boldsymbol{x}_{n-3-\kappa}^{\mathrm{H}}\tilde{\boldsymbol{w}}_{n-2}=\boldsymbol{x}_{n-3-\kappa}^{\mathrm{H}}\tilde{\boldsymbol{w}}_{n-3};\ 1\leqslant\kappa\leqslant m-2\\ \qquad\vdots\\ \boldsymbol{x}_{n-m+1-\gamma}^{\mathrm{H}}\tilde{\boldsymbol{w}}_{n-m+2}=\boldsymbol{x}_{n-m+1-\gamma}^{\mathrm{H}}\tilde{\boldsymbol{w}}_{n-m+1};\ \gamma=1\end{cases} \tag{2-21}$$

由式（2-21），得

$$\left(\boldsymbol{x}_{n-1},\boldsymbol{x}_{n-2},\cdots,\boldsymbol{x}_{n-m}\right)^{\mathrm{H}}\tilde{\boldsymbol{w}}_{n}=\left(\boldsymbol{x}_{n-1}^{\mathrm{H}}\tilde{\boldsymbol{w}}_{n},\boldsymbol{x}_{n-2}^{\mathrm{H}}\tilde{\boldsymbol{w}}_{n-1},\cdots,\boldsymbol{x}_{n-m}^{\mathrm{H}}\tilde{\boldsymbol{w}}_{n-m+1}\right) \tag{2-22}$$

把式（2-20b）回归的代入式（2-22）中，得

$$\boldsymbol{X}_{n-1,m}^{\mathrm{H}}\tilde{\boldsymbol{w}}_{n}=-\left(\varepsilon_{n-1},\varepsilon_{n-2},\cdots,\varepsilon_{n-m}\right)^{\mathrm{H}} \tag{2-23}$$

式（2-3d）可以重新写为

$$\boldsymbol{x}_{n}=\boldsymbol{\varphi}_{n}+\boldsymbol{X}_{n-1,m}\hat{\boldsymbol{\alpha}}_{n} \tag{2-24}$$

把式（2-24）代入式（2-19），得

$$\tilde{\boldsymbol{w}}_{n+1}=\left(\boldsymbol{I}-\frac{\boldsymbol{\varphi}_{n}\boldsymbol{\varphi}_{n}^{\mathrm{H}}}{\boldsymbol{\varphi}_{n}^{\mathrm{H}}\boldsymbol{\varphi}_{n}}\right)\tilde{\boldsymbol{w}}_{n}-\frac{\boldsymbol{\varphi}_{n}}{\boldsymbol{\varphi}_{n}^{\mathrm{H}}\boldsymbol{\varphi}_{n}}\left(\varepsilon_{n}^{*}+\hat{\boldsymbol{\alpha}}_{n}^{\mathrm{H}}\boldsymbol{X}_{n-1,m}^{\mathrm{H}}\tilde{\boldsymbol{w}}_{n}\right) \tag{2-25}$$

利用式（2-23）和式（2-25），得

$$\tilde{\boldsymbol{w}}_{n+1}=\left(\boldsymbol{I}-\frac{\boldsymbol{\varphi}_{n}\boldsymbol{\varphi}_{n}^{\mathrm{H}}}{\boldsymbol{\varphi}_{n}^{\mathrm{H}}\boldsymbol{\varphi}_{n}}\right)\tilde{\boldsymbol{w}}_{n}-\frac{\vartheta_{n}^{*}\boldsymbol{\varphi}_{n}}{\boldsymbol{\varphi}_{n}^{\mathrm{H}}\boldsymbol{\varphi}_{n}} \tag{2-26a}$$

其中

$$\vartheta_{n}=\varepsilon_{n}-\sum_{i=1}^{m}\hat{a}_{n,i}\varepsilon_{n-i} \tag{2-26b}$$

在假设 A3 的条件下，可知系统的测量噪声ε_n独立于输入信号的自相关系数向量$\hat{\boldsymbol{\alpha}}_n$。因此，求式（2-26b）两边的数学期望值，可得

$$E\left(\vartheta_{n}\right)=E\left(\varepsilon_{n}\right)-\sum_{i=1}^{m}E\left(\hat{a}_{n,i}\right)E\left(\varepsilon_{n-i}\right)=0 \tag{2-27}$$

根据式（2-15）和式（2-20a）的 Hermitian 转换，可得到下面的结果

$$e_n = \left(\boldsymbol{\varphi}_n^{\mathrm{H}}\tilde{\boldsymbol{w}}_n - \boldsymbol{\varphi}_n^{\mathrm{H}}\tilde{\boldsymbol{w}}_{n+1}\right)^{\mathrm{H}} \tag{2-28}$$

利用式（2-3d），式（2-28）可以重新写为

$$e_n = \left(\boldsymbol{\varphi}_n^{\mathrm{H}}\tilde{\boldsymbol{w}}_n - \boldsymbol{x}_n^{\mathrm{H}}\tilde{\boldsymbol{w}}_{n+1} + \hat{\boldsymbol{\alpha}}_n^{\mathrm{H}}\boldsymbol{X}_{n-1,m}^{\mathrm{H}}\tilde{\boldsymbol{w}}_{n+1}\right)^{\mathrm{H}} \tag{2-29}$$

把式（2-20b）和式（2-20c）分别代入式（2-29），得

$$e_n = \tilde{\boldsymbol{w}}_n^{\mathrm{H}}\boldsymbol{\varphi}_n + \varepsilon_n + \left(\boldsymbol{X}_{n-1,m}^{\mathrm{H}}\tilde{\boldsymbol{w}}_n\right)^{\mathrm{H}}\hat{\boldsymbol{\alpha}}_n \tag{2-30}$$

结合式（2-23）和式（2-30），得

$$e_n = \tilde{\boldsymbol{w}}_n^{\mathrm{H}}\boldsymbol{\varphi}_n + \varepsilon_n - \sum_{i=1}^{m}\hat{a}_{n,i}\varepsilon_{n-i} \tag{2-31}$$

由式（2-26b）和式（2-31），得

$$e_n = \tilde{\boldsymbol{w}}_n^{\mathrm{H}}\boldsymbol{\varphi}_n + \vartheta_n \tag{2-32}$$

依据式（2-3c）和式（2-32），自适应滤波 APA 算法在参数迭代步长 μ 等于 1 的条件，迭代方程可以写为

$$\begin{cases} \boldsymbol{w}_{n+1} = \boldsymbol{w}_n + \dfrac{e_n^*}{\boldsymbol{\varphi}_n^{\mathrm{H}}\boldsymbol{\varphi}_n}\boldsymbol{\varphi}_n \\ e_n = \tilde{\boldsymbol{w}}_n^{\mathrm{H}}\boldsymbol{\varphi}_n + \vartheta_n \end{cases} \tag{2-33}$$

式（2-33）给出了一种不同的视觉分析自适应滤波 APA 算法。定义自适应滤波器的估计权值向量 $\boldsymbol{w}_n$ 与转换后的系统估计权值向量 $\boldsymbol{v}_n = \left(v_{n,1}, v_{n,2}, \cdots, v_{n,N}\right)^{\mathrm{T}}$ 的关系为

$$\boldsymbol{v}_n = \boldsymbol{V}^{\mathrm{H}}\boldsymbol{w}_n \tag{2-34}$$

因此，可以获得转换后的自适应滤波 APA 算法的估计权值向量误差 $\tilde{\boldsymbol{v}}_n = \left(\tilde{v}_{n,1}, \tilde{v}_{n,2}, \cdots, \tilde{v}_{n,N}\right)^{\mathrm{T}}$ 的形式

$$\tilde{\boldsymbol{v}}_n = \boldsymbol{V}^{\mathrm{H}}\tilde{\boldsymbol{w}}_n \tag{2-35}$$

由于这些系统估计权值向量相互正交，所以转换后的系统估计权值向量误差 $\tilde{\boldsymbol{v}}_n$ 中的元素相互独立，这些元素表示它们在各自方向误差幅值的大小。因此，当参数 $p \neq q$ 时，可以认为元素 $\tilde{v}_{n,p}$ 和 $\tilde{v}_{n,q}$ 相互独立。依据式（2-26a）和式（2-35），可以得到下面的方程式

$$\tilde{\boldsymbol{v}}_{n+1} = \left(\boldsymbol{I} - \boldsymbol{V}^{\mathrm{H}}\frac{\boldsymbol{\varphi}_n\boldsymbol{\varphi}_n^{\mathrm{H}}}{\boldsymbol{\varphi}_n^{\mathrm{H}}\boldsymbol{\varphi}_n}\boldsymbol{V}\right)\tilde{\boldsymbol{v}}_n - \frac{\boldsymbol{V}^{\mathrm{H}}\boldsymbol{\varphi}_n\vartheta_n^*}{\boldsymbol{\varphi}_n^{\mathrm{H}}\boldsymbol{\varphi}_n} \tag{2-36}$$

把式（2-7）代入式（2-36），得

$$\tilde{\boldsymbol{v}}_{n+1}=\left(\boldsymbol{I}-\frac{\boldsymbol{u}_n\boldsymbol{u}_n^{\mathrm{H}}}{\boldsymbol{u}_n^{\mathrm{H}}\boldsymbol{u}_n}\right)\tilde{\boldsymbol{v}}_n-\frac{\boldsymbol{u}_n\vartheta_n^*}{\boldsymbol{u}_n^{\mathrm{H}}\boldsymbol{u}_n} \tag{2-37}$$

表达式（2-37）非常适合于分析自适应滤波 APA 算法的收敛性。在不考虑系统测量噪声 ε_n 的条件下，式（2-37）变成一个齐次微分方程，收敛性的分析将会变得非常容易。但是在需要考虑系统测量噪声的条件下，本质上自适应滤波 APA 算法将不可能收敛。因此，需要研究自适应滤波 APA 算法的估计权值向量误差的均值和均方误差（mean square error，MSE）。本节下面部分将分析自适应滤波 APA 算法估计权值向量误差的均值，下一节将研究自适应滤波 APA 算法估计权值向量误差的 MSE。

在假设 A3 的条件下，可知向量 $\boldsymbol{u}_n$ 独立于系统的测量噪声 ϑ_n。因此，依据式（2-27），可得

$$E\left(\frac{\boldsymbol{u}_n\vartheta_n^*}{\boldsymbol{u}_n^{\mathrm{H}}\boldsymbol{u}_n}\right)=E\left(\frac{\boldsymbol{u}_n}{\boldsymbol{u}_n^{\mathrm{H}}\boldsymbol{u}_n}\right)E\left(\vartheta_n^*\right)=0 \tag{2-38}$$

由式（2-37）可以看出，在自适应滤波器迭代的离散时间点 n，转换后的自适应滤波 APA 算法的估计权值向量误差 $\tilde{\boldsymbol{v}}_n$ 不依赖于向量 $\boldsymbol{u}_n$，而依赖于以前输入的向量 $\boldsymbol{u}_{n-1}$。因此，根据式（2-38），求式（2-37）两边的数学期望值，可得

$$E\left(\tilde{\boldsymbol{v}}_{n+1}\right)=E\left(\tilde{\boldsymbol{v}}_n\right)-E\left(\frac{\boldsymbol{u}_n\boldsymbol{u}_n^{\mathrm{H}}}{\boldsymbol{u}_n^{\mathrm{H}}\boldsymbol{u}_n}\right)E\left(\tilde{\boldsymbol{v}}_n\right) \tag{2-39}$$

由于式（2-39）的分子 $\boldsymbol{u}_n\boldsymbol{u}_n^{\mathrm{H}}$ 中一个元素的变化仅仅影响分母 $\boldsymbol{u}_n^{\mathrm{H}}\boldsymbol{u}_n$ 中元素 N 个独立项中的一个或者两个变化。当参数 N 值比较大时，变量 $\boldsymbol{u}_n\boldsymbol{u}_n^{\mathrm{H}}$ 中的元素变化时，变量 $\boldsymbol{u}_n^{\mathrm{H}}\boldsymbol{u}_n$ 值变化不是很快，所以文献[23]、[87]指出变量 $\boldsymbol{u}_n\boldsymbol{u}_n^{\mathrm{H}}$ 与变量 $\boldsymbol{u}_n^{\mathrm{H}}\boldsymbol{u}_n$ 可以看作是相互的独立。因此，可得

$$E\left(\frac{\boldsymbol{u}_n\boldsymbol{u}_n^{\mathrm{H}}}{\boldsymbol{u}_n^{\mathrm{H}}\boldsymbol{u}_n}\right)\approx E\left(\frac{1}{\boldsymbol{u}_n^{\mathrm{H}}\boldsymbol{u}_n}\right)E\left(\boldsymbol{u}_n\boldsymbol{u}_n^{\mathrm{H}}\right) \tag{2-40}$$

因此，式（2-39）可以重新写为

$$E\left(\tilde{\boldsymbol{v}}_{n+1}\right)=E\left(\tilde{\boldsymbol{v}}_n\right)-E\left(\frac{1}{\boldsymbol{u}_n^{\mathrm{H}}\boldsymbol{u}_n}\right)E\left(\boldsymbol{u}_n\boldsymbol{u}_n^{\mathrm{H}}\right)E\left(\tilde{\boldsymbol{v}}_n\right) \tag{2-41}$$

依据假设 A2 中的式（2-8），变量 $\boldsymbol{u}_n^{\mathrm{H}}\boldsymbol{u}_n$ 的方差可以写为

$$\sigma_{\boldsymbol{u}_n^{\mathrm{H}}\boldsymbol{u}_n}^2=\operatorname{tr}\left[E\left(\boldsymbol{u}_n\boldsymbol{u}_n^{\mathrm{H}}\right)\right]=\sum_{i=1}^{N}\lambda_i \tag{2-42}$$

假定变量 $\boldsymbol{u}_n$ 中各个元素的方差大约相等，可得

$$\sigma_u^2 \approx \frac{1}{N}\sum_{i=1}^{N}\lambda_i \tag{2-43}$$

随机变量$\boldsymbol{u}_n$中的元素均值等于 0，与输入信号的方向向量$\boldsymbol{\varphi}_n$具有相同大小的自由度$F = N - m$，并且变量$\boldsymbol{u}_n$中的元素相互独立。因此，变量$y = \boldsymbol{u}_n^{\mathrm{H}}\boldsymbol{u}_n$服从卡方分布

$$f_y(y) = \frac{1}{2^{F/2}\sigma_u^F\Gamma\left(\frac{F}{2}\right)} y^{(F/2)-1}\mathrm{e}^{-y/\left(2\sigma_u^2\right)};\quad y \geqslant 0 \tag{2-44}$$

利用式（2-44），求变量$\frac{1}{\boldsymbol{u}_n^{\mathrm{H}}\boldsymbol{u}_n}$的数学期望值，可得[88]

$$E\left(\frac{1}{\boldsymbol{u}_n^{\mathrm{H}}\boldsymbol{u}_n}\right) = \frac{N}{(F-2)\sum_{i=1}^{N}\lambda_i} \tag{2-45}$$

把式（2-8）和式（2-45）代入式（2-41），得

$$E(\tilde{\boldsymbol{v}}_{n+1}) = E(\tilde{\boldsymbol{v}}_n) - \frac{N\boldsymbol{\Lambda}}{(F-2)\sum_{i=1}^{N}\lambda_i}E(\tilde{\boldsymbol{v}}_n) \tag{2-46}$$

转换后的自适应滤波 APA 算法估计权值向量误差的第$p(1 \leqslant p \leqslant N)$个元素的实部和虚部可以写为

$$\tilde{v}_{n,p} = e_{n,p} + \mathrm{j}f_{n,p} \tag{2-47}$$

因此，由式（2-46）可得

$$E\left(e_{n+1,p}\right) = E\left(e_{n,p}\right) - \frac{N\boldsymbol{\Lambda}}{(F-2)\sum_{i=1}^{N}\lambda_i}E\left(e_{n,p}\right) \tag{2-48a}$$

$$E\left(f_{n+1,p}\right) = E\left(f_{n,p}\right) - \frac{N\boldsymbol{\Lambda}}{(F-2)\sum_{i=1}^{N}\lambda_i}E\left(f_{n,p}\right) \tag{2-48b}$$

定义元素$\omega_{n,p}$，元素$\psi_{n,p}$和元素$\tilde{\rho}_{n,p}$分别为

$$\omega_{n,p} \triangleq E\left(e_{n,p}\right) \tag{2-49a}$$

$$\psi_{n,p} \triangleq E\left(f_{n,p}\right) \tag{2-49b}$$

$$\tilde{\rho}_{n,p} \triangleq E\left(\tilde{v}_{n,p}\right) = \omega_{n,p} + \mathrm{j}\psi_{n,p} \tag{2-49c}$$

式（2-46）可写为

$$\tilde{\rho}_{n+1,p}=\tilde{\rho}_{n,p}-\frac{N\lambda_p}{(F-2)\sum_{i=1}^{N}\lambda_i}\tilde{\rho}_{n,p} \tag{2-50a}$$

$$\omega_{n+1,p}=\omega_{n,p}-\frac{N\lambda_p}{(F-2)\sum_{i=1}^{N}\lambda_i}\omega_{n,p} \tag{2-50b}$$

$$\psi_{n+1,p}=\psi_{n,p}-\frac{N\lambda_p}{(F-2)\sum_{i=1}^{N}\lambda_i}\psi_{n,p} \tag{2-50c}$$

式（2-50）表示在第 p 方向权值误差大小的数学期望值。在自适应滤波 APA 算法的迭代步数 n 值足够大时，权值误差的均值将收敛到数值 0，当且仅当满足下面的条件

$$\left|1-\frac{N\lambda_p}{(F-2)\sum_{i=1}^{N}\lambda_i}\right|<1;\quad 1\leqslant p\leqslant N \tag{2-51}$$

由式（2-51），得

$$-1<1-\frac{N\lambda_p}{(F-2)\sum_{i=1}^{N}\lambda_i}<1;\quad 1\leqslant p\leqslant N \tag{2-52}$$

式（2-52）右边的不等式是永恒成立，式（2-52）左边的不等式可以写为

$$F>\frac{N\lambda_p}{2\sum_{i=1}^{N}\lambda_i}+2;\quad 1\leqslant p\leqslant N \tag{2-53}$$

因为 $F=N-m$，所以可以得到对参数 m 的一个限定条件

$$m<N-\frac{N\lambda_p}{2\sum_{i=1}^{N}\lambda_i}-2;\quad 1\leqslant p\leqslant N \tag{2-54}$$

考虑到不等式（2-54）必须满足所有的数值 p。因此，可得自适应滤波 APA 算法输入向量个数 m 的一个上限约束条件

$$m<N-\frac{1}{2}\left(\frac{\lambda_{\max}}{\lambda_{\min}}\right)-2 \tag{2-55}$$

其中，$\lambda_{\max}$ 和 $\lambda_{\min}$ 分别表示输入信号方向向量 $\boldsymbol{\varphi}_n$ 的最大特征值和最小特征值。因此，

可以得到如下结论：自适应滤波 APA 算法需要输入的信号向量的数量 m 受两个方面的限制，第一个条件是输入信号的自相关性，需要自适应滤波 APA 算法的阶次等于或者大于输入信号的自相关阶次；第二个条件是输入信号方向向量 $\boldsymbol{\varphi}_n$ 的最大特征值与最小特征值的比率。在理想条件下，输入信号方向向量的最大特征值 $\lambda_{\max}$ 与最小的特征值 $\lambda_{\min}$ 相等，此时可得参数 m 的上限约束条件为 $m < N-2.5$。

2.3 均方误差分析

由表达式（2-37），可得转换后的自适应滤波 APA 算法估计权值向量误差的协方差矩阵等于

$$\begin{aligned}\operatorname{cov}(\tilde{\boldsymbol{v}}_{n+1}) &= \operatorname{cov}(\tilde{\boldsymbol{v}}_n) - \operatorname{cov}(\tilde{\boldsymbol{v}}_n)E\left(\frac{\boldsymbol{u}_n\boldsymbol{u}_n^{\mathrm{H}}}{\boldsymbol{u}_n^{\mathrm{H}}\boldsymbol{u}_n}\right) - E\left(\frac{\boldsymbol{u}_n\boldsymbol{u}_n^{\mathrm{H}}}{\boldsymbol{u}_n^{\mathrm{H}}\boldsymbol{u}_n}\right)\operatorname{cov}(\tilde{\boldsymbol{v}}_n) \\ &+ E\left(\frac{\boldsymbol{u}_n\boldsymbol{u}_n^{\mathrm{H}}}{\boldsymbol{u}_n^{\mathrm{H}}\boldsymbol{u}_n}\tilde{\boldsymbol{v}}_n\tilde{\boldsymbol{v}}_n^{\mathrm{H}}\frac{\boldsymbol{u}_n\boldsymbol{u}_n^{\mathrm{H}}}{\boldsymbol{u}_n^{\mathrm{H}}\boldsymbol{u}_n}\right) \\ &- E\left[\left(\boldsymbol{I} - \frac{\boldsymbol{u}_n\boldsymbol{u}_n^{\mathrm{H}}}{\boldsymbol{u}_n^{\mathrm{H}}\boldsymbol{u}_n}\right)\tilde{\boldsymbol{v}}_n\frac{\boldsymbol{u}_n^{\mathrm{H}}\vartheta_n}{\boldsymbol{u}_n^{\mathrm{H}}\boldsymbol{u}_n}\right] \\ &- E\left[\frac{\vartheta_n^*\boldsymbol{u}_n}{\boldsymbol{u}_n^{\mathrm{H}}\boldsymbol{u}_n}\tilde{\boldsymbol{v}}_n^{\mathrm{H}}\left(\boldsymbol{I} - \frac{\boldsymbol{u}_n\boldsymbol{u}_n^{\mathrm{H}}}{\boldsymbol{u}_n^{\mathrm{H}}\boldsymbol{u}_n}\right)\right] \\ &+ E\left(\frac{\boldsymbol{u}_n\vartheta_n^*}{\boldsymbol{u}_n^{\mathrm{H}}\boldsymbol{u}_n}\frac{\vartheta_n\boldsymbol{u}_n^{\mathrm{H}}}{\boldsymbol{u}_n^{\mathrm{H}}\boldsymbol{u}_n}\right)\end{aligned} \tag{2-56}$$

根据式（2-40）、式（2-8）和式（2-45），式（2-56）中的第二项和第三项可以分别写为

$$\operatorname{cov}(\tilde{\boldsymbol{v}}_n)E\left(\frac{\boldsymbol{u}_n\boldsymbol{u}_n^{\mathrm{H}}}{\boldsymbol{u}_n^{\mathrm{H}}\boldsymbol{u}_n}\right) = \operatorname{cov}(\tilde{\boldsymbol{v}}_n)\frac{N\boldsymbol{\Lambda}}{(F-2)\sum_{i=1}^{N}\lambda_i} \tag{2-57}$$

和

$$E\left(\frac{\boldsymbol{u}_n\boldsymbol{u}_n^{\mathrm{H}}}{\boldsymbol{u}_n^{\mathrm{H}}\boldsymbol{u}_n}\right)\operatorname{cov}(\tilde{\boldsymbol{v}}_n) = \frac{N\boldsymbol{\Lambda}}{(F-2)\sum_{i=1}^{N}\lambda_i}\operatorname{cov}(\tilde{\boldsymbol{v}}_n) \tag{2-58}$$

现在分析式（2-56）中的第四项

$$E\left(\frac{\boldsymbol{u}_n\boldsymbol{u}_n^{\mathrm{H}}}{\boldsymbol{u}_n^{\mathrm{H}}\boldsymbol{u}_n}\tilde{\boldsymbol{v}}_n\tilde{\boldsymbol{v}}_n^{\mathrm{H}}\frac{\boldsymbol{u}_n\boldsymbol{u}_n^{\mathrm{H}}}{\boldsymbol{u}_n^{\mathrm{H}}\boldsymbol{u}_n}\right)=E\left[\frac{\boldsymbol{u}_n\mathrm{tr}\left(\boldsymbol{u}_n^{\mathrm{H}}\tilde{\boldsymbol{v}}_n\tilde{\boldsymbol{v}}_n^{\mathrm{H}}\boldsymbol{u}_n\right)\boldsymbol{u}_n^{\mathrm{H}}}{\left(\boldsymbol{u}_n^{\mathrm{H}}\boldsymbol{u}_n\right)^2}\right]$$
$$=E\left[\frac{\mathrm{tr}\left(\tilde{\boldsymbol{v}}_n^{\mathrm{H}}\boldsymbol{u}_n\right)\mathrm{tr}\left(\tilde{\boldsymbol{v}}_n^{\mathrm{H}}\boldsymbol{u}_n\right)^*\boldsymbol{u}_n\boldsymbol{u}_n^{\mathrm{H}}}{\left(\boldsymbol{u}_n^{\mathrm{H}}\boldsymbol{u}_n\right)^2}\right]\tag{2-59}$$

对式（2-59）的评估包含了高阶次的统计，相比其他项的分析有一点复杂。由于向量变量 $\boldsymbol{u}_n$ 的自由度等于 F，因此，变量 $\mathrm{tr}\left(\boldsymbol{u}_n^{\mathrm{H}}\tilde{\boldsymbol{v}}_n\right)$ 的自由度也等于 F。在一个 N 维的输入信号分布空间坐标系中，自适应滤波 APA 算法的每一步迭代，仅有 F 个不同方向对变量 $\mathrm{tr}\left(\tilde{\boldsymbol{v}}_n^{\mathrm{H}}\boldsymbol{u}_n\right)$ 有贡献，其他 m 维的方向可以认为都等于 0，对变量 $\mathrm{tr}\left(\tilde{\boldsymbol{v}}_n^{\mathrm{H}}\boldsymbol{u}_n\right)$ 没有贡献。为了简单处理变量 $\mathrm{tr}\left(\tilde{\boldsymbol{v}}_n^{\mathrm{H}}\boldsymbol{u}_n\right)$ 和变量 $\boldsymbol{u}_n\boldsymbol{u}_n^{\mathrm{H}}$ 的关系，假设自适应滤波 APA 算法的每一步迭代，在每一个方向的误差分布相等，所以可以得到一个大约相等的方程式

$$E\left[\mathrm{tr}\left(\tilde{\boldsymbol{v}}_n^{\mathrm{H}}\boldsymbol{u}_n\right)\mathrm{tr}\left(\tilde{\boldsymbol{v}}_n^{\mathrm{H}}\boldsymbol{u}_n\right)^*\boldsymbol{u}_n\boldsymbol{u}_n^{\mathrm{H}}\right]\approx\frac{F^2}{N^2}E\left[\left(\sum_{i=1}^{N}\tilde{v}_{n,i}^*u_{n,i}\right)\left(\sum_{i=1}^{N}\tilde{v}_{n,i}^*u_{n,i}\right)^*\boldsymbol{u}_n\boldsymbol{u}_n^{\mathrm{H}}\right]\tag{2-60}$$

根据式（2-60），利用均值大约式（2-59）中的分子与分母，可得

$$E\left(\frac{\boldsymbol{u}_n\boldsymbol{u}_n^{\mathrm{H}}}{\boldsymbol{u}_n^{\mathrm{H}}\boldsymbol{u}_n}\tilde{\boldsymbol{v}}_n\tilde{\boldsymbol{v}}_n^{\mathrm{H}}\frac{\boldsymbol{u}_n\boldsymbol{u}_n^{\mathrm{H}}}{\boldsymbol{u}_n^{\mathrm{H}}\boldsymbol{u}_n}\right)\approx\frac{F^2E\left[\left(\sum_{i=1}^{N}\tilde{v}_{n,i}^*u_{n,i}\right)\left(\sum_{i=1}^{N}\tilde{v}_{n,i}^*u_{n,i}\right)^*\boldsymbol{u}_n\boldsymbol{u}_n^{\mathrm{H}}\right]}{N^2E\left[\left(\boldsymbol{u}_n^{\mathrm{H}}\boldsymbol{u}_n\right)^2\right]}\tag{2-61}$$

利用式（2-43）和式（2-44），可以得到式（2-61）分母中的变量 $\left(\boldsymbol{u}_n^{\mathrm{H}}\boldsymbol{u}_n\right)^2$ 的数学期望值等于[88]

$$E\left[\left(\boldsymbol{u}_n^{\mathrm{H}}\boldsymbol{u}_n\right)^2\right]=\frac{1}{N^2}\left(\sum_{i=1}^{N}\lambda_i\right)^2\left(F^2+2F\right)\tag{2-62}$$

依据式（2-61），分子中矩阵的数学期望值中的非对角元素可以写为

$$E\left[\left(\sum_{i=1}^{N}\tilde{v}_{n,i}^*u_{n,i}\right)\left(\sum_{m=1}^{N}\tilde{v}_{n,i}^*u_{n,i}\right)^*\boldsymbol{u}_n\boldsymbol{u}_n^{\mathrm{H}}\right]_{pq}=E\left[\left(\sum_{i=1}^{N}\tilde{v}_{n,i}^*u_{n,i}\right)\left(\sum_{m=1}^{N}\tilde{v}_{n,i}^*u_{n,i}\right)^*u_{n,p}u_{n,q}^*\right];\quad p\neq q\tag{2-63}$$

其中，参数 p 表示矩阵的行；参数 q 表示矩阵的列。由于向量 $\boldsymbol{u}_n$ 中的元素相互独立，并且各个元素的均值都等于 0，所以可知多项式变量 $\left(\sum_{i=1}^{N}\tilde{v}_{n,i}^*u_{n,i}\right)$ $\left(\sum_{m=1}^{N}\tilde{v}_{n,m}^*u_{n,m}\right)^*$ 中的变量 $\tilde{v}_{n,p}^*u_{n,p}\tilde{v}_{n,q}u_{n,q}^*$ 和 $\tilde{v}_{n,q}^*u_{n,q}\tilde{v}_{n,p}u_{n,p}^*$ 不等于 0，其他变量都等于 0。因此，由式（2-63）可得如下结果

$$
\begin{aligned}
E\left[\left(\sum_{i=1}^{N}\tilde{v}_{n,i}^{*}u_{n,i}\right)\left(\sum_{m=1}^{N}\tilde{v}_{n,m}^{*}u_{n,m}\right)^{*}\boldsymbol{u}_{n}\boldsymbol{u}_{n}^{\mathrm{H}}\right]_{pq} &= E\left[\left(\tilde{v}_{n,p}^{*}u_{n,p}\tilde{v}_{n,q}u_{n,q}^{*}+\tilde{v}_{n,q}^{*}u_{n,q}\tilde{v}_{n,p}u_{n,p}^{*}\right)u_{n,p}u_{n,q}^{*}\right] \\
&= 2E\left[\mathrm{real}\left(\tilde{v}_{n,p}^{*}u_{n,p}\tilde{v}_{n,q}u_{n,q}^{*}\right)\times u_{n,p}u_{n,q}^{*}\right]
\end{aligned}
\tag{2-64}
$$

把式（2-9）和式（2-47）代入式（2-64），得

$$
\begin{aligned}
& E\left[\left(\sum_{i=1}^{N}\tilde{v}_{n,i}^{*}u_{n,i}\right)\left(\sum_{m=1}^{N}\tilde{v}_{n,m}^{*}u_{n,m}\right)^{*}\boldsymbol{u}_{n}\boldsymbol{u}_{n}^{\mathrm{H}}\right]_{pq} \\
&= 2E\left\{\mathrm{real}\left[\left(\left(x_{n,p}x_{n,q}+y_{n,p}y_{n,q}\right)+\mathrm{j}\left(y_{n,p}x_{n,q}-x_{n,p}y_{n,q}\right)\right)\left(\left(e_{n,p}e_{n,q}+f_{n,p}f_{n,q}\right)\right.\right.\right. \\
&\quad \left.\left.+\mathrm{j}\left(e_{n,p}f_{n,q}-f_{n,p}e_{n,q}\right)\right)\right]\left[\left(x_{n,p}x_{n,q}+y_{n,p}y_{n,q}\right)+\mathrm{j}\left(y_{n,p}x_{n,q}-x_{n,p}y_{n,q}\right)\right]\Big\}
\end{aligned}
\tag{2-65}
$$

由式（2-65），得

$$
\begin{aligned}
& E\left[\left(\sum_{i=1}^{N}\tilde{v}_{n,i}^{*}u_{n,i}\right)\left(\sum_{m=1}^{N}\tilde{v}_{n,m}^{*}u_{n,m}\right)^{*}\boldsymbol{u}_{n}\boldsymbol{u}_{n}^{\mathrm{H}}\right]_{pq} \\
&= 2E\left\{\left[\left(x_{n,p}x_{n,q}+y_{n,p}y_{n,q}\right)\left(e_{n,p}e_{n,q}+f_{n,p}f_{n,q}\right)+\left(y_{n,p}x_{n,q}-x_{n,p}y_{n,q}\right)\left(f_{n,p}e_{n,q}-e_{n,p}f_{n,q}\right)\right]\right. \\
&\quad \left.\times\left[\left(x_{n,p}x_{n,q}+y_{n,p}y_{n,q}\right)+\mathrm{j}\left(y_{n,p}x_{n,q}-x_{n,p}y_{n,q}\right)\right]\right\}
\end{aligned}
\tag{2-66}
$$

由式（2-66），得

$$
\begin{aligned}
& E\left[\left(\sum_{i=1}^{N}\tilde{v}_{n,i}^{*}u_{n,i}\right)\left(\sum_{m=1}^{N}\tilde{v}_{n,m}^{*}u_{n,m}\right)^{*}\boldsymbol{u}_{n}\boldsymbol{u}_{n}^{\mathrm{H}}\right]_{pq} \\
&= 2E\left[\left(x_{n,p}x_{n,q}+y_{n,p}y_{n,q}\right)^{2}\left(e_{n,p}e_{n,q}+f_{n,p}f_{n,q}\right)\right] \\
&\quad +2E\left[\left(x_{n,p}x_{n,q}^{2}y_{n,p}-x_{n,p}^{2}x_{n,q}y_{n,q}+y_{n,p}^{2}y_{n,q}x_{n,q}-y_{n,p}y_{n,q}^{2}x_{n,p}\right)\left(f_{n,p}e_{n,q}-e_{n,p}f_{n,q}\right)\right] \\
&\quad +2\mathrm{j}E\left[\left(y_{n,p}x_{n,q}^{2}x_{n,p}+y_{n,p}^{2}y_{n,q}x_{n,q}-x_{n,p}^{2}x_{n,q}y_{n,q}-y_{n,p}y_{n,q}^{2}x_{n,p}\right)\left(e_{n,p}e_{n,q}+f_{n,p}f_{n,q}\right)\right] \\
&\quad +2\mathrm{j}E\left[\left(y_{n,p}x_{n,q}-x_{n,p}y_{n,q}\right)^{2}\left(f_{n,p}e_{n,q}-e_{n,p}f_{n,q}\right)\right]
\end{aligned}
\tag{2-67}
$$

依据假设 A2，可知元素 $x_{n,p}$ 和 $y_{n,p}$，$x_{n,q}$ 和 $y_{n,q}$ 相互独立。因此，可知式（2-67）中的第二项等于 0，即

$$
\begin{aligned}
& E\left[\left(x_{n,p}x_{n,q}^{2}y_{n,p}-x_{n,p}^{2}x_{n,q}y_{n,q}+y_{n,p}^{2}y_{n,q}x_{n,q}-y_{n,p}y_{n,q}^{2}x_{n,p}\right)\left(f_{n,p}e_{n,q}-e_{n,p}f_{n,q}\right)\right] \\
&= E\left(x_{n,p}x_{n,q}^{2}y_{n,p}-x_{n,p}^{2}x_{n,q}y_{n,q}+y_{n,p}^{2}y_{n,q}x_{n,q}-y_{n,p}y_{n,q}^{2}x_{n,p}\right)E\left(f_{n,p}e_{n,q}-e_{n,p}f_{n,q}\right) \\
&= \left[E\left(x_{n,p}\right)E\left(x_{n,q}^{2}\right)E\left(y_{n,p}\right)-E\left(x_{n,p}^{2}\right)E\left(x_{n,q}\right)E\left(y_{n,q}\right)+E\left(y_{n,p}^{2}\right)E\left(y_{n,q}\right)E\left(x_{n,q}\right)\right. \\
&\quad \left.-E\left(y_{n,p}\right)E\left(y_{n,q}^{2}\right)E\left(x_{n,p}\right)\right]E\left(f_{n,p}e_{n,q}-e_{n,p}f_{n,q}\right) \\
&= 0
\end{aligned}
\tag{2-68}
$$

与式（2-68）等于 0 的原理相同，式（2-67）中的第三项也等于 0，由此可得

$$E\left[\left(y_{n,p}x_{n,q}^2x_{n,p}+y_{n,p}^2y_{n,q}x_{n,q}-x_{n,p}^2x_{n,q}y_{n,q}-y_{n,p}y_{n,q}^2x_{n,p}\right)\left(e_{n,p}e_{n,q}+f_{n,p}f_{n,q}\right)\right]=0 \tag{2-69}$$

由于在各个方向的自适应滤波 APA 算法的权值误差幅值相互独立，式（2-67）中的第一项可以写为

$$\begin{aligned}&E\left[\left(x_{n,p}x_{n,q}+y_{n,p}y_{n,q}\right)^2\left(e_{n,p}e_{n,q}+f_{n,p}f_{n,q}\right)\right]\\&=E\left(x_{n,p}^2x_{n,q}^2+y_{n,p}^2y_{n,q}^2+2x_{n,p}x_{n,q}y_{n,p}y_{n,q}\right)E\left(e_{n,p}e_{n,q}+f_{n,p}f_{n,q}\right)\\&=\left[E\left(x_{n,p}^2\right)E\left(x_{n,q}^2\right)+E\left(y_{n,p}^2\right)E\left(y_{n,q}^2\right)+2E\left(x_{n,p}x_{n,q}y_{n,p}y_{n,q}\right)\right]\\&\quad\times\left[E\left(e_{n,p}\right)E\left(e_{n,q}\right)+E\left(f_{n,p}\right)E\left(f_{n,q}\right)\right]\end{aligned} \tag{2-70}$$

根据假设 A2，可得到下面的结论

$$E\left(x_{n,p}x_{n,q}y_{n,p}y_{n,q}\right)=E\left(x_{n,p}\right)E\left(x_{n,q}\right)E\left(y_{n,p}\right)E\left(y_{n,q}\right)=0 \tag{2-71}$$

因此，式（2-70）可以重新写为

$$\begin{aligned}&E\left[\left(x_{n,p}x_{n,q}+y_{n,p}y_{n,q}\right)^2\left(e_{n,p}e_{n,q}+f_{n,p}f_{n,q}\right)\right]\\&=\left[E\left(x_{n,p}^2\right)E\left(x_{n,q}^2\right)+E\left(y_{n,p}^2\right)E\left(y_{n,q}^2\right)\right]\left[E\left(e_{n,p}\right)E\left(e_{n,q}\right)+E\left(f_{n,p}\right)E\left(f_{n,q}\right)\right]\end{aligned} \tag{2-72}$$

依据式（2-12）、式（2-14）和式（2-49），式（2-72）可以重新写为

$$\begin{aligned}&E\left[\left(x_{n,p}x_{n,q}+y_{n,p}y_{n,q}\right)^2\left(e_{n,p}e_{n,q}+f_{n,p}f_{n,q}\right)\right]\\&=\frac{1}{2}\lambda_p\lambda_q\left(\omega_{n,p}\omega_{n,q}+\psi_{n,p}\psi_{n,q}\right)\end{aligned} \tag{2-73}$$

式（2-67）中的第四项可以写为

$$\begin{aligned}&E\left[\left(y_{n,p}x_{n,q}-x_{n,p}y_{n,q}\right)^2\left(f_{n,p}e_{n,q}-e_{n,p}f_{n,q}\right)\right]\\&=E\left(y_{n,p}^2x_{n,q}^2+x_{n,p}^2y_{n,q}^2-2x_{n,p}x_{n,q}y_{n,p}y_{n,q}\right)E\left(f_{n,p}e_{n,q}-e_{n,p}f_{n,q}\right)\end{aligned} \tag{2-74}$$

由于元素 $x_{n,p},x_{n,q},y_{n,p},y_{n,q},e_{n,p},e_{n,q},f_{n,p},f_{n,q}$ 相互的独立，由式（2-71）和式（2-74）可得

$$\begin{aligned}&E\left[\left(y_{n,p}x_{n,q}-x_{n,p}y_{n,q}\right)^2\left(f_{n,p}e_{n,q}-e_{n,p}f_{n,q}\right)\right]\\&=\left[E\left(y_{n,p}^2\right)E\left(x_{n,q}^2\right)+E\left(x_{n,p}^2\right)E\left(y_{n,q}^2\right)\right]\left[E\left(f_{n,p}\right)E\left(e_{n,q}\right)-E\left(e_{n,p}\right)E\left(f_{n,q}\right)\right]\end{aligned} \tag{2-75}$$

依据式（2-12）、式（2-14）和式（2-49），式（2-75）可以写为

$$E\left[\left(y_{n,p}x_{n,q}-x_{n,p}y_{n,q}\right)^2\left(f_{n,p}e_{n,q}-e_{n,p}f_{n,q}\right)\right]$$
$$=\frac{1}{2}\lambda_p\lambda_q\left(\omega_{n,q}\psi_{n,p}-\omega_{n,p}\psi_{n,q}\right) \tag{2-76}$$

把这些结果代入式（2-67），得

$$\begin{aligned}&E\left[\left(\sum_{i=1}^{N}\tilde{v}_{n,i}^{*}u_{n,i}\right)\left(\sum_{m=1}^{N}\tilde{v}_{n,m}^{*}u_{n,m}\right)^{*}\boldsymbol{u}_n\boldsymbol{u}_n^{\mathrm{H}}\right]_{pq}\\&=\lambda_p\lambda_q\left(\omega_{n,p}\omega_{n,q}+\psi_{n,p}\psi_{n,q}\right)+\mathrm{j}\lambda_p\lambda_q\left(\omega_{n,q}\psi_{n,p}-\omega_{n,p}\psi_{n,q}\right)\\&=\lambda_p\lambda_q\left[\left(\omega_{n,p}\omega_{n,q}+\psi_{n,p}\psi_{n,q}\right)+\mathrm{j}\left(\omega_{n,q}\psi_{n,p}-\omega_{n,p}\psi_{n,q}\right)\right]\\&=\lambda_p\lambda_q\left(\omega_{n,p}+\mathrm{j}\psi_{n,p}\right)\left(\omega_{n,q}-\mathrm{j}\psi_{n,q}\right)\\&=\lambda_p\lambda_q\left(\omega_{n,p}+\mathrm{j}\psi_{n,p}\right)\left(\omega_{n,q}+\mathrm{j}\psi_{n,q}\right)^{*}\end{aligned} \tag{2-77}$$

由式（2-49c）和式（2-77），得

$$E\left[\left(\sum_{i=1}^{N}\tilde{v}_{n,i}^{*}u_{n,i}\right)\left(\sum_{m=1}^{N}\tilde{v}_{n,m}^{*}u_{n,m}\right)^{*}\boldsymbol{u}_n\boldsymbol{u}_n^{\mathrm{H}}\right]_{pq}=\lambda_p\lambda_q\tilde{\rho}_{n,p}\tilde{\rho}_{n,q}^{*} \tag{2-78}$$

依据式（2-61），分子中矩阵的数学期望值的对角线元素可以写为

$$E\left[\left(\sum_{i=1}^{N}\tilde{v}_{n,i}^{*}u_{n,i}\right)\left(\sum_{m=1}^{N}\tilde{v}_{n,m}^{*}u_{n,m}\right)^{*}\boldsymbol{u}_n\boldsymbol{u}_n^{\mathrm{H}}\right]_{pp}=E\left[\left(\sum_{i=1}^{N}\tilde{v}_{n,i}^{*}u_{n,i}\right)\left(\sum_{m=1}^{N}\tilde{v}_{n,m}^{*}u_{n,m}\right)^{*}u_{n,p}u_{n,p}^{*}\right] \tag{2-79}$$

因为向量 $\boldsymbol{u}_n$ 中的元素相互独立，并且均值等于 0，所以变量 $\left(\sum_{i=1}^{N}\tilde{v}_{n,i}^{*}u_{n,i}\right)\left(\sum_{m=1}^{N}\tilde{v}_{n,m}^{*}u_{n,m}\right)^{*}$ 中只有元素 $\tilde{v}_{n,i}^{*}u_{n,i}\tilde{v}_{n,i}u_{n,i}^{*}, 1\leqslant i\leqslant N$ 对式（2-79）有贡献，其他元素的数学期望值都等于 0。因此，可得

$$E\left[\left(\sum_{i=1}^{N}\tilde{v}_{n,i}^{*}u_{n,i}\right)\left(\sum_{m=1}^{N}\tilde{v}_{n,m}^{*}u_{n,m}\right)^{*}\boldsymbol{u}_n\boldsymbol{u}_n^{\mathrm{H}}\right]_{pp}=E\left[\left(\sum_{i=1}^{N}\tilde{v}_{n,i}^{*}u_{n,i}\tilde{v}_{n,i}u_{n,i}^{*}\right)u_{n,p}u_{n,p}^{*}\right] \tag{2-80}$$

由式（2-80），得

$$\begin{aligned}&E\left[\left(\sum_{i=1}^{N}\tilde{v}_{n,i}^{*}u_{n,i}\right)\left(\sum_{m=1}^{N}\tilde{v}_{n,m}^{*}u_{n,m}\right)^{*}\boldsymbol{u}_n\boldsymbol{u}_n^{\mathrm{H}}\right]_{pp}\\&=E\left[\left(u_{n,p}u_{n,p}^{*}\right)^2\right]E\left(\tilde{v}_{n,p}\tilde{v}_{n,p}^{*}\right)+E\left(u_{n,p}u_{n,p}^{*}\right)\sum_{i=1,i\neq p}^{N}E\left(u_{n,i}u_{n,i}^{*}\right)E\left(\tilde{v}_{n,i}\tilde{v}_{n,i}^{*}\right)\end{aligned} \tag{2-81}$$

依据式（2-8），可知向量 $\boldsymbol{u}_n$ 中的元素变量 $\hat{y}=u_{n,p}u_{n,p}^*$ 的方差等于 $\sigma_{u,p}^2=\lambda_p$，$1\leqslant p\leqslant N$，每个元素变量的自由度等于 1，并且服从卡方分布

$$f_z(\hat{y})=\frac{1}{2^{1/2}\lambda_p^{1/2}\Gamma\left(\frac{1}{2}\right)}z^{(1/2)-1}\mathrm{e}^{-z/(2\lambda_p)};\ \hat{y}\geqslant 0 \tag{2-82}$$

利用式（2-82），求变量 $\left(u_{n,p}u_{n,p}^*\right)^2$ 的数学期望值，可得[88]

$$E\left[\left(u_{n,p}u_{n,p}^*\right)^2\right]=3\lambda_p^2 \tag{2-83}$$

依据式（2-8）和式（2-83），式（2-81）可以写为

$$\begin{aligned}&E\left[\left(\sum_{i=1}^{N}\tilde{v}_{n,i}^*u_{n,i}\right)\left(\sum_{m=1}^{N}\tilde{v}_{n,m}^*u_{n,m}\right)^*\boldsymbol{u}_n\boldsymbol{u}_n^{\mathrm{H}}\right]_{pp}\\&=3\lambda_p^2E\left(\tilde{v}_{n,p}\tilde{v}_{n,p}^*\right)+\lambda_p\sum_{i=1,i\neq p}^{N}\lambda_iE\left(\tilde{v}_{n,i}\tilde{v}_{n,i}^*\right)\\&=2\lambda_p^2E\left(\tilde{v}_{n,p}\tilde{v}_{n,p}^*\right)+\lambda_p\sum_{i=1}^{N}\lambda_iE\left(\tilde{v}_{n,i}\tilde{v}_{n,i}^*\right)\end{aligned} \tag{2-84}$$

根据式（2-62）、式（2-78）和式（2-84），式（2-61）可以重新写为

$$\begin{aligned}&E\left(\frac{\boldsymbol{u}_n\boldsymbol{u}_n^{\mathrm{H}}}{\boldsymbol{u}_n^{\mathrm{H}}\boldsymbol{u}_n}\tilde{\boldsymbol{v}}_n\tilde{\boldsymbol{v}}_n^{\mathrm{H}}\frac{\boldsymbol{u}_n\boldsymbol{u}_n^{\mathrm{H}}}{\boldsymbol{u}_n^{\mathrm{H}}\boldsymbol{u}_n}\right)\\&\approx\frac{F}{\left(\sum_{i=1}^{N}\lambda_i\right)^2(F+2)}\begin{pmatrix}\begin{array}{c}2\lambda_1^2E\left(\tilde{v}_{n,1}\tilde{v}_{n,1}^*\right)+\\\lambda_1\sum_{i=1}^{N}\lambda_iE\left(\tilde{v}_{n,i}\tilde{v}_{n,i}^*\right)\end{array}&\lambda_1\lambda_2\tilde{\rho}_{n,1}\tilde{\rho}_{n,2}^*&\cdots&\lambda_1\lambda_N\tilde{\rho}_{n,1}\tilde{\rho}_{n,N}^*\\\lambda_2\lambda_1\tilde{\rho}_{n,2}\tilde{\rho}_{n,1}^*&\begin{array}{c}2\lambda_2^2E\left(\tilde{v}_{n,2}\tilde{v}_{n,2}^*\right)+\\\lambda_2\sum_{i=1}^{N}\lambda_iE\left(\tilde{v}_{n,i}\tilde{v}_{n,i}^*\right)\end{array}&\cdots&\lambda_2\lambda_N\tilde{\rho}_{n,2}\tilde{\rho}_{n,N}^*\\\vdots&\vdots&&\vdots\\\lambda_N\lambda_1\tilde{\rho}_{n,N}\tilde{\rho}_{n,1}^*&\lambda_N\lambda_2\tilde{\rho}_{n,N}\tilde{\rho}_{n,2}^*&\cdots&\begin{array}{c}2\lambda_N^2E\left(\tilde{v}_{n,N}\tilde{v}_{n,N}^*\right)+\\\lambda_N\sum_{i=1}^{N}\lambda_iE\left(\tilde{v}_{n,i}\tilde{v}_{n,i}^*\right)\end{array}\end{pmatrix}\end{aligned} \tag{2-85}$$

依据假设 A3 和式（2-26b），可知 ϑ_n 与输入信号的方向向量 $\boldsymbol{\varphi}_n$ 相互独立。由于向量 $\boldsymbol{u}_n$ 是由输入信号的方向向量 $\boldsymbol{\varphi}_n$ 转换而得，所以 ϑ_n 与向量 $\boldsymbol{u}_n$ 也相互独立。因此，根据式（2-27），式（2-56）中的第五项和第六项可以分别写为

$$E\left[\left(\boldsymbol{I}-\frac{\boldsymbol{u}_n\boldsymbol{u}_n^{\mathrm{H}}}{\boldsymbol{u}_n^{\mathrm{H}}\boldsymbol{u}_n}\right)\tilde{\boldsymbol{v}}_n\frac{\boldsymbol{u}_n^{\mathrm{H}}}{\boldsymbol{u}_n^{\mathrm{H}}\boldsymbol{u}_n}\right]E(\vartheta_n)=0 \tag{2-86}$$

和

$$E(\vartheta_n^*)E\left[\frac{\boldsymbol{u}_n}{\boldsymbol{u}_n^{\mathrm{H}}\boldsymbol{u}_n}\tilde{\boldsymbol{v}}_n^{\mathrm{H}}\left(\boldsymbol{I}-\frac{\boldsymbol{u}_n\boldsymbol{u}_n^{\mathrm{H}}}{\boldsymbol{u}_n^{\mathrm{H}}\boldsymbol{u}_n}\right)\right]=0 \tag{2-87}$$

最后，式（2-56）中的第七项可以写为

$$E\left(\frac{\boldsymbol{u}_n\vartheta_n^*}{\boldsymbol{u}_n^{\mathrm{H}}\boldsymbol{u}_n}\frac{\vartheta_n\boldsymbol{u}_n^{\mathrm{H}}}{\boldsymbol{u}_n^{\mathrm{H}}\boldsymbol{u}_n}\right)=E\left[\frac{1}{\left(\boldsymbol{u}_n^{\mathrm{H}}\boldsymbol{u}_n\right)^2}\boldsymbol{u}_n\boldsymbol{u}_n^{\mathrm{H}}\right]E\left(\vartheta_n^*\vartheta_n\right) \tag{2-88}$$

同式（2-40）类似，式（2-88）可以写为

$$E\left[\frac{1}{\left(\boldsymbol{u}_n^{\mathrm{H}}\boldsymbol{u}_n\right)^2}\boldsymbol{u}_n\boldsymbol{u}_n^{\mathrm{H}}\right]E\left[\vartheta_n^*\vartheta_n\right]\approx E\left[\frac{1}{\left(\boldsymbol{u}_n^{\mathrm{H}}\boldsymbol{u}_n\right)^2}\right]E\left(\boldsymbol{u}_n\boldsymbol{u}_n^{\mathrm{H}}\right)E\left(\vartheta_n^*\vartheta_n\right) \tag{2-89}$$

利用式（2-43）和式（2-44），可得式（2-89）中第一项变量的数学期望值等于[88]

$$E\left[\frac{1}{\left(\boldsymbol{u}_n^{\mathrm{H}}\boldsymbol{u}_n\right)^2}\right]=\frac{N^2}{(F-2)(F-4)\left(\sum_{i=1}^{N}\lambda_i\right)^2} \tag{2-90}$$

依据式（2-26b）和假设 A3，可得式（2-89）中的最后一项的数学期望值等于

$$\begin{aligned}E\left(\vartheta_n^*\vartheta_n\right)&=E\left[\left(\varepsilon_n-\sum_{i=1}^{m}\hat{a}_{n,i}\varepsilon_{n-i}\right)^*\left(\varepsilon_n-\sum_{i=1}^{m}\hat{a}_{n,i}\varepsilon_{n-i}\right)\right]\\&=E\left(\varepsilon_n^*\varepsilon_n\right)+\sum_{i=1}^{m}E\left(\hat{a}_{n,i}^2\right)E\left(\varepsilon_{n-i}^*\varepsilon_{n-i}\right)\\&=\sigma_\varepsilon^2+\sum_{i=1}^{m}E\left(\hat{a}_{n,i}^2\right)\sigma_\varepsilon^2\\&=\left[1+E\left(\hat{\boldsymbol{a}}_n^{\mathrm{H}}\hat{\boldsymbol{a}}_n\right)\right]\sigma_\varepsilon^2\end{aligned} \tag{2-91}$$

根据式（2-8）、式（2-90）和式（2-91），式（2-89）可以重新写为

$$E\left[\frac{1}{\left(\boldsymbol{u}_n^{\mathrm{H}}\boldsymbol{u}_n\right)^2}\boldsymbol{u}_n\boldsymbol{u}_n^{\mathrm{H}}\right]E\left(\vartheta_n^*\vartheta_n\right)\approx\frac{N^2\left[1+E\left(\hat{\boldsymbol{a}}_n^{\mathrm{H}}\hat{\boldsymbol{a}}_n\right)\right]\sigma_\varepsilon^2\boldsymbol{\Lambda}}{(F-2)(F-4)\left(\sum_{i=1}^{N}\lambda_i\right)^2} \tag{2-92}$$

定义向量 $\tilde{\boldsymbol{v}}_n$ 的协方差矩阵的对角线元素为 $\tilde{\lambda}_{n,i}$， $i=1,2,\cdots,N$ ，即

$$\tilde{\lambda}_{n,i} = \left[\operatorname{cov}\left(\tilde{\boldsymbol{v}}_n\right)\right]_{ii} = E\left(\tilde{v}_{n,i}\tilde{v}_{n,i}^*\right) \tag{2-93}$$

但这不是意味着向量 $\tilde{\boldsymbol{v}}_n$ 的协方差矩阵是一个对角矩阵。根据上面的定义，式（2-85）可以写为

$$E\left(\frac{\boldsymbol{u}_n\boldsymbol{u}_n^{\mathrm{H}}}{\boldsymbol{u}_n^{\mathrm{H}}\boldsymbol{u}_n}\tilde{\boldsymbol{v}}_n\tilde{\boldsymbol{v}}_n^{\mathrm{H}}\frac{\boldsymbol{u}_n\boldsymbol{u}_n^{\mathrm{H}}}{\boldsymbol{u}_n^{\mathrm{H}}\boldsymbol{u}_n}\right) \approx \frac{F}{\left(\sum_{i=1}^{N}\lambda_i\right)^2(F+2)}$$
$$\times\begin{pmatrix} 2\lambda_1^2\tilde{\lambda}_{n,1}+\lambda_1\sum_{i=1}^{N}\lambda_i\tilde{\lambda}_{n,i} & \lambda_1\lambda_2\tilde{\rho}_{n,1}\tilde{\rho}_{n,2}^* & \cdots & \lambda_1\lambda_N\tilde{\rho}_{n,1}\tilde{\rho}_{n,N}^* \\ \lambda_2\lambda_1\tilde{\rho}_{n,2}\tilde{\rho}_{n,1}^* & 2\lambda_2^2\tilde{\lambda}_{n,2}+\lambda_2\sum_{i=1}^{N}\lambda_i\tilde{\lambda}_{n,i} & \cdots & \lambda_2\lambda_N\tilde{\rho}_{n,2}\tilde{\rho}_{n,N}^* \\ \vdots & \vdots & & \vdots \\ \lambda_N\lambda_1\tilde{\rho}_{n,N}\tilde{\rho}_{n,1}^* & \lambda_N\lambda_2\tilde{\rho}_{n,N}\tilde{\rho}_{n,2}^* & \cdots & 2\lambda_N^2\tilde{\lambda}_{n,N}+\lambda_N\sum_{i=1}^{N}\lambda_i\tilde{\lambda}_{n,i} \end{pmatrix} \tag{2-94}$$

把对每一项分析的结果代入表达式（2-56）中，可得一个回归的矩阵方程表达式为

$$\operatorname{cov}\left(\tilde{\boldsymbol{v}}_{n+1}\right) = \operatorname{cov}\left(\tilde{\boldsymbol{v}}_n\right) - \operatorname{cov}\left(\tilde{\boldsymbol{v}}_n\right)\frac{N\boldsymbol{\Lambda}}{(F-2)\sum_{i=1}^{N}\lambda_i} - \frac{N\boldsymbol{\Lambda}}{(F-2)\sum_{i=1}^{N}\lambda_i}\operatorname{cov}\left(\tilde{\boldsymbol{v}}_n\right)$$
$$+\frac{F}{\left(\sum_{i=1}^{N}\lambda_i\right)^2(F+2)}$$
$$\times\begin{pmatrix} 2\lambda_1^2\tilde{\lambda}_{n,1}+\lambda_1\sum_{i=1}^{N}\lambda_i\tilde{\lambda}_{n,i} & \lambda_1\lambda_2\tilde{\rho}_{n,1}\tilde{\rho}_{n,2}^* & \cdots & \lambda_1\lambda_N\tilde{\rho}_{n,1}\tilde{\rho}_{n,N}^* \\ \lambda_2\lambda_1\tilde{\rho}_{n,2}\tilde{\rho}_{n,1}^* & 2\lambda_2^2\tilde{\lambda}_{n,2}+\lambda_2\sum_{i=1}^{N}\lambda_i\tilde{\lambda}_{n,i} & \cdots & \lambda_2\lambda_N\tilde{\rho}_{n,2}\tilde{\rho}_{n,N}^* \\ \vdots & \vdots & & \vdots \\ \lambda_N\lambda_1\tilde{\rho}_{n,N}\tilde{\rho}_{n,1}^* & \lambda_N\lambda_2\tilde{\rho}_{n,N}\tilde{\rho}_{n,2}^* & \cdots & 2\lambda_N^2\tilde{\lambda}_{n,N}+\lambda_N\sum_{i=1}^{N}\lambda_i\tilde{\lambda}_{n,i} \end{pmatrix}$$
$$+\frac{N^2\left[1+E\left(\hat{\boldsymbol{\alpha}}_n^{\mathrm{H}}\hat{\boldsymbol{\alpha}}_n\right)\right]\sigma_\varepsilon^2\boldsymbol{\Lambda}}{(F-2)(F-4)\left(\sum_{i=1}^{N}\lambda_i\right)^2} \tag{2-95}$$

利用式（2-32），可得自适应滤波 APA 算法的 MSE 等于

$$\begin{aligned}\xi_n &= E\left[\left(\tilde{\boldsymbol{w}}_n^{\mathrm{H}}\boldsymbol{\varphi}_n+\vartheta_n\right)\left(\tilde{\boldsymbol{w}}_n^{\mathrm{H}}\boldsymbol{\varphi}_n+\vartheta_n\right)^{\mathrm{H}}\right]\\ &= E\left(\tilde{\boldsymbol{w}}_n^{\mathrm{H}}\boldsymbol{\varphi}_n\boldsymbol{\varphi}_n^{\mathrm{H}}\tilde{\boldsymbol{w}}_n\right)+E\left(\vartheta_n\vartheta_n^*\right)+E\left(\vartheta_n\right)E\left(\boldsymbol{\varphi}_n^{\mathrm{H}}\tilde{\boldsymbol{w}}_n\right)+E\left(\tilde{\boldsymbol{w}}_n^{\mathrm{H}}\boldsymbol{\varphi}_n\right)E\left(\vartheta_n^*\right)\end{aligned} \tag{2-96}$$

依据式(2-27)，可知式(2-96)中的最后两项等于 0。根据式(2-91)，式(2-96)可以重新写为

$$\xi_n = \mathrm{tr}\left[E\left(\tilde{\boldsymbol{w}}_n\tilde{\boldsymbol{w}}_n^{\mathrm{H}}\right)E\left(\boldsymbol{\varphi}_n\boldsymbol{\varphi}_n^{\mathrm{H}}\right)\right]+\left[1+E\left(\hat{\boldsymbol{\alpha}}_n^{\mathrm{H}}\hat{\boldsymbol{\alpha}}_n\right)\right]\sigma_\varepsilon^2 \tag{2-97}$$

基于假设 A1 和式（2-35），得

$$\begin{aligned}\xi_n &= \mathrm{tr}\left[E\left(\tilde{\boldsymbol{w}}_n\tilde{\boldsymbol{w}}_n^{\mathrm{H}}\right)\boldsymbol{V}\boldsymbol{\Lambda}\boldsymbol{V}^{\mathrm{H}}\right]+\left[1+E\left(\hat{\boldsymbol{\alpha}}_n^{\mathrm{H}}\hat{\boldsymbol{\alpha}}_n\right)\right]\sigma_\varepsilon^2\\ &= \mathrm{tr}\left[\boldsymbol{V}^{\mathrm{H}}E\left(\tilde{\boldsymbol{w}}_n\tilde{\boldsymbol{w}}_n^{\mathrm{H}}\right)\boldsymbol{V}\boldsymbol{\Lambda}\right]+\left[1+E\left(\hat{\boldsymbol{\alpha}}_n^{\mathrm{H}}\hat{\boldsymbol{\alpha}}_n\right)\right]\sigma_\varepsilon^2\\ &= \mathrm{tr}\left[E\left(\tilde{\boldsymbol{v}}_n\tilde{\boldsymbol{v}}_n^{\mathrm{H}}\right)\boldsymbol{\Lambda}\right]+\left[1+E\left(\hat{\boldsymbol{\alpha}}_n^{\mathrm{H}}\hat{\boldsymbol{\alpha}}_n\right)\right]\sigma_\varepsilon^2\end{aligned} \tag{2-98}$$

根据式（2-93），自适应滤波 APA 算法的 MSE 等于

$$\xi_n = \sum_{i=1}^{N}\lambda_i\tilde{\lambda}_{n,i}+\left[1+E\left(\hat{\boldsymbol{\alpha}}_n^{\mathrm{H}}\hat{\boldsymbol{\alpha}}_n\right)\right]\sigma_\varepsilon^2 \tag{2-99}$$

由式（2-95）和式（2-99）可知，在输入信号分布空间 p 方向的 MSE 与其他方向的 MSE 相互依赖。但是在假设 A4 条件下，当输入信号方向向量的特征值相互差别不大时，可以认为各个方向的 MSE 相互的独立。下面将会证明在此条件下，各个方向的 MSE 相互独立，首先假定矩阵 $\boldsymbol{R}_\varphi$ 的特征值相等，定义为

$$\lambda_i=\lambda;\ 1\leqslant i\leqslant N \tag{2-100}$$

表达式（2-95）可以写为

$$\begin{aligned}\mathrm{cov}\left(\tilde{\boldsymbol{v}}_{n+1}\right) &= \mathrm{cov}\left(\tilde{\boldsymbol{v}}_n\right)-\frac{2}{F-2}\mathrm{cov}\left(\tilde{\boldsymbol{v}}_n\right)\\ &+\frac{F}{N^2(F+2)}\begin{pmatrix}2\tilde{\lambda}_{n,1}+\sum_{i=1}^{N}\tilde{\lambda}_{n,i} & \tilde{\rho}_{n,1}\tilde{\rho}_{n,2}^* & \cdots & \tilde{\rho}_{n,1}\tilde{\rho}_{n,N}^*\\ \tilde{\rho}_{n,2}\tilde{\rho}_{n,1}^* & 2\tilde{\lambda}_{n,2}+\sum_{i=1}^{N}\tilde{\lambda}_{n,i} & \cdots & \tilde{\rho}_{n,2}\tilde{\rho}_{n,N}^*\\ \vdots & \vdots & & \vdots\\ \tilde{\rho}_{n,N}\tilde{\rho}_{n,1}^* & \tilde{\rho}_{n,N}\tilde{\rho}_{n,2}^* & \cdots & 2\tilde{\lambda}_{n,N}+\sum_{i=1}^{N}\tilde{\lambda}_{n,i}\end{pmatrix}\\ &+\frac{\left[1+E\left(\hat{\boldsymbol{\alpha}}_n^{H}\hat{\boldsymbol{\alpha}}_n\right)\right]\sigma_\varepsilon^2}{(F-2)(F-4)\lambda}\boldsymbol{I}\end{aligned} \tag{2-101}$$

在假设 A4 条件下，假定初始的估计权值向量等于 0。利用式（2-17）和式（2-35），可得初始转换后的估计权值向量误差等于

$$\tilde{\boldsymbol{v}}^0 = \mathbf{1} \tag{2-102}$$

由于自适应滤波 APA 算法在输入信号分布空间各个方向的迭代概率相同，所以可以认为在各个方向的 MSE 相等，定义为

$$\tilde{\lambda}_n = \tilde{\lambda}_{n,i};\ 1 \leqslant i \leqslant N \tag{2-103}$$

因此，表达式（2-101）可写为

$$\begin{aligned}
\operatorname{cov}(\tilde{\boldsymbol{v}}_{n+1}) &= \operatorname{cov}(\tilde{\boldsymbol{v}}_n) - \frac{2}{F-2}\operatorname{cov}(\tilde{\boldsymbol{v}}_n) \\
&+ \frac{F}{N^2(F+2)}\begin{pmatrix} (N+2)\tilde{\lambda}_n & \tilde{\rho}_{n,1}\tilde{\rho}_{n,2}^* & \cdots & \tilde{\rho}_{n,1}\tilde{\rho}_{n,N}^* \\ \tilde{\rho}_{n,2}\tilde{\rho}_{n,1}^* & (N+2)\tilde{\lambda}_n & \cdots & \tilde{\rho}_{n,2}\tilde{\rho}_{n,N}^* \\ \vdots & \vdots & & \vdots \\ \tilde{\rho}_{n,N}\tilde{\rho}_{n,1}^* & \tilde{\rho}_{n,N}\tilde{\rho}_{n,2}^* & \cdots & (N+2)\tilde{\lambda}_n \end{pmatrix} \\
&+ \frac{\left[1+E\left(\hat{\boldsymbol{\alpha}}_n^{\mathrm{H}}\hat{\boldsymbol{\alpha}}_n\right)\right]\sigma_\varepsilon^2}{(F-2)(F-4)\lambda}\boldsymbol{I}
\end{aligned} \tag{2-104}$$

由式（2-104），可知对角线上的元素与非对角线上的元素可以认为没有联系，依据式（2-93），可得下面的回归迭代方程式

$$\tilde{\lambda}_{n+1} = \left[1 - \frac{2}{F-2} + \frac{(N+2)F}{N^2(F+2)}\right]\tilde{\lambda}_n + \frac{\left[1+E\left(\hat{\boldsymbol{\alpha}}_n^{\mathrm{H}}\hat{\boldsymbol{\alpha}}_n\right)\right]\sigma_\varepsilon^2}{(F-2)(F-4)\lambda} \tag{2-105}$$

依据式（2-100）和式（2-103），式（2-99）中自适应滤波 APA 算法的 MSE 可以写为

$$\xi_n = N\lambda\tilde{\lambda}_n + \left[1+E\left(\hat{\boldsymbol{\alpha}}_n^{\mathrm{H}}\hat{\boldsymbol{\alpha}}_n\right)\right]\sigma_\varepsilon^2 \tag{2-106}$$

由式（2-105）和式（2-106）可以看出，在输入信号分布空间各个方向的自适应滤波 APA 算法的 MSE 相互独立。如果输入信号高度自相关，需要增加参数 m 的数值，以便减少输入信号的方向向量中各个元素的相关性，但是仍然需要满足关系式（2-55）。因此，当参数 m 足够大，如果仍不能降低输入信号的自相关性时，需要增加自适应滤波 APA 算法抽头延迟的数量。

2.4　稳定状态分析

由于转换的自适应滤波 APA 算法的估计权值向量误差 $\tilde{\boldsymbol{v}}_n$ 中的元素 $\tilde{v}_{n,p}\ (1 \leqslant p \leqslant N)$ 是在 N 维空间坐标系中 p 方向误差大小的尺度，所以估计权值向量误差 $\tilde{\boldsymbol{v}}_n$ 中的元素相互独立。因此，可得非对角线上的元素

$$\begin{aligned}\left[\operatorname{cov}\left(\tilde{\boldsymbol{v}}_{n}\right)\right]_{pq} &= E\left(\tilde{v}_{n,p}\tilde{v}_{n,q}\right) \\ &= E\left(\tilde{v}_{n,p}\right)E\left(\tilde{v}_{n,q}\right) \\ &= \tilde{\rho}_{n,p}\tilde{\rho}_{n,q}\end{aligned} \tag{2-107}$$

其中，参数 $p \neq q$，$1 \leqslant p \leqslant N$，$1 \leqslant q \leqslant N$。假定实际的系统收敛，基于表达式（2-50a），可知当迭代数值 $n \to \infty$ 时，转换后的自适应滤波 APA 算法的权值误差在 p 方向 $\tilde{\rho}_{n,p} \to 0$。因此，式（2-107）中表示的非对角元素都等于 0。由此可得，式（2-95）中的非对角元素也等于 0，表达式（2-95）变成一个对角元素迭代的过程。因此，当迭代数值 $n \to \infty$ 时，式（2-37）的协方差矩阵变成一个对角矩阵，自适应滤波 APA 算法的稳定状态权值均方误差矩阵的分析方程具有离散时间的平衡系统 Lyapunov 方程的形式，所以可以称自适应滤波 APA 算法为一种输入信号的平衡实现。

根据式（2-93），回归表达式（2-95）可以重新写为

$$\begin{aligned}\tilde{\lambda}_{n+1,p} = &\left[1-\frac{2N\lambda_p}{(F-2)\sum_{i=1}^{N}\lambda_i}\right]\tilde{\lambda}_{n,p} + \frac{\left(2\lambda_p^2\tilde{\lambda}_{n,p} + \lambda_p\sum_{i=1}^{N}\lambda_i\tilde{\lambda}_{n,i}\right)F}{\left(\sum_{i=1}^{N}\lambda_i\right)^2(F+2)} \\ &+ \frac{N^2\left[1+E\left(\hat{\boldsymbol{a}}_n^{\mathrm{H}}\hat{\boldsymbol{a}}_n\right)\right]\sigma_\varepsilon^2\lambda_p}{(F-2)(F-4)\left(\sum_{i=1}^{N}\lambda_i\right)^2}\end{aligned} \tag{2-108}$$

当自适应滤波 APA 算法的迭代数值 $n \to \infty$ 时，此时认为系统达到稳定状态，可以认为在输入信号分布空间各个方向的 MSE 不再变化，因此，可得结果 $\tilde{\lambda}_{n+1,p} = \tilde{\lambda}_{n,p} = \tilde{\lambda}_{\infty,p}$。所以当迭代数值 $n \to \infty$ 时，式（2-108）可以写为

$$\begin{aligned}\tilde{\lambda}_{\infty,p} = &\left[1-\frac{2N\lambda_p}{(F-2)\sum_{i=1}^{N}\lambda_i}\right]\tilde{\lambda}_{\infty,p} + \frac{\left(2\lambda_p^2\tilde{\lambda}_{\infty,p} + \lambda_p\sum_{i=1}^{N}\lambda_i\tilde{\lambda}_{\infty,i}\right)F}{\left(\sum_{i=1}^{N}\lambda_i\right)^2(F+2)} \\ &+ \frac{N^2\left[1+E\left(\hat{\boldsymbol{a}}_n^{\mathrm{H}}\hat{\boldsymbol{a}}_n\right)\right]\sigma_\varepsilon^2\lambda_p}{(F-2)(F-4)\left(\sum_{i=1}^{N}\lambda_i\right)^2}\end{aligned} \tag{2-109}$$

依据式（2-109），得

$$\tilde{\lambda}_{\infty,p}=\frac{F(F-2)\sum_{i=1}^{N}\lambda_i\tilde{\lambda}_{\infty,i}}{2\left[N(F+2)\sum_{i=1}^{N}\lambda_i-\lambda_pF(F-2)\right]}+\frac{N^2(F+2)\left[1+E\left(\hat{\boldsymbol{\alpha}}_n^{\mathrm{H}}\hat{\boldsymbol{\alpha}}_n\right)\right]\sigma_\varepsilon^2}{2(F-4)\left[N(F+2)\sum_{i=1}^{N}\lambda_i-\lambda_pF(F-2)\right]} \tag{2-110}$$

定义参数 α_p 和参数 $\beta_p\ (1\leqslant p\leqslant N)$ 分别为

$$\alpha_p=\frac{F(F-2)}{2\left[N(F+2)\sum_{i=1}^{N}\lambda_i-\lambda_pF(F-2)\right]} \tag{2-111}$$

和

$$\beta_p=\frac{N^2(F+2)\left[1+E\left(\hat{\boldsymbol{\alpha}}_n^{\mathrm{H}}\hat{\boldsymbol{\alpha}}_n\right)\right]\sigma_\varepsilon^2}{2(F-4)\left[N(F+2)\sum_{i=1}^{N}\lambda_i-\lambda_pF(F-2)\right]} \tag{2-112}$$

因此，式（2-110）可以写为

$$\tilde{\lambda}_{\infty,p}=\alpha_p\left(\sum_{i=1}^{N}\lambda_i\tilde{\lambda}_{\infty,i}\right)+\beta_p \tag{2-113}$$

在式（2-113）两边分别乘以参数 $\lambda_p\ (1\leqslant p\leqslant N)$，然后相加这些结果，可得如下的方程式

$$\sum_{p=1}^{N}\lambda_p\tilde{\lambda}_{\infty,p}=\left(\sum_{p=1}^{N}\lambda_p\alpha_p\right)\left(\sum_{i=1}^{N}\lambda_i\tilde{\lambda}_{\infty,i}\right)+\sum_{p=1}^{N}\lambda_p\beta_p \tag{2-114}$$

由式（2-114），可得

$$\sum_{p=1}^{N}\lambda_p\tilde{\lambda}_{\infty,p}=\frac{\sum_{p=1}^{N}\lambda_p\beta_p}{1-\sum_{p=1}^{N}\lambda_p\alpha_p} \tag{2-115}$$

把式（2-115）代入式（2-99），可得自适应滤波 APA 算法稳定状态 MSE 的表达式

$$\xi_\infty=\frac{\sum_{p=1}^{N}\lambda_p\beta_p}{1-\sum_{p=1}^{N}\lambda_p\alpha_p}+\left[1+E\left(\hat{\boldsymbol{\alpha}}_n^{\mathrm{H}}\hat{\boldsymbol{\alpha}}_n\right)\right]\sigma_\varepsilon^2 \tag{2-116}$$

式（2-116）给出了自适应滤波 APA 算法的理论随机统计模型稳定状态的 MSE。

2.5 仿 真 示 例

本节将在仿真软件MATLAB中比较自适应滤波APA算法仿真的MSE学习曲线、由式（2-99）给出的理论随机统计模型和文献[4]提出的理论随机统计模型的MSE 学习曲线，其中式（2-116）给出了所建立的理论随机统计模型稳定状态MSE 的分析结果。假定自适应滤波 APA 算法的初始估计权值向量 $\boldsymbol{w}_0 = 0$，自适应滤波 APA 算法仿真结果的 MSE 学习曲线是通过对 100 次相互独立的学习曲线求平均值计算而得。

示例1a　输入信号是方差等于1的高斯白噪声信号，不考虑系统的测量噪声。参数 $N = 32$ 和 $m = 0$，这时自适应滤波APA算法可以称为自适应滤波NLMS算法。图2-2和图2-3分别给出了仿真、文献[4]和所建立的自适应滤波APA算法的理论随机统计模型在迭代200步和迭代2000步的MSE学习曲线。通过比较图2-2和图2-3，可以发现所建立的自适应滤波APA算法的理论随机统计模型在迭代初期好于文献[4]的结果，但在后期的迭代结果不如文献[4]的结果。我们认为这是因为所建立的自适应滤波APA算法的理论随机统计模型在前200步迭代的过程中已经达到稳定状态，参数 $\tilde{\lambda}_n$ 不再变化。由于输入信号为高斯白噪声信号，依据式（2-106），可知所建立的自适应滤波APA算法的理论随机统计模型形成一个线性回归的迭代方程，学习曲线形成一条直线，不再变化，导致了所建立的自适应滤波APA算法的理论随机统计模型后期的迭代结果不如文献[4]建立的理论随机统计模型学习曲线的结果。

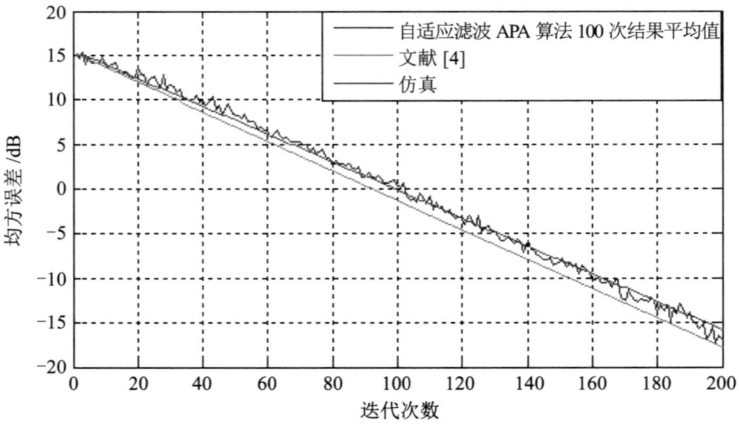

图 2-2　在系统测量噪声可以忽略，输入信号为高斯白噪声的条件下，自适应滤波 APA 算法迭代 200 步的学习曲线比较

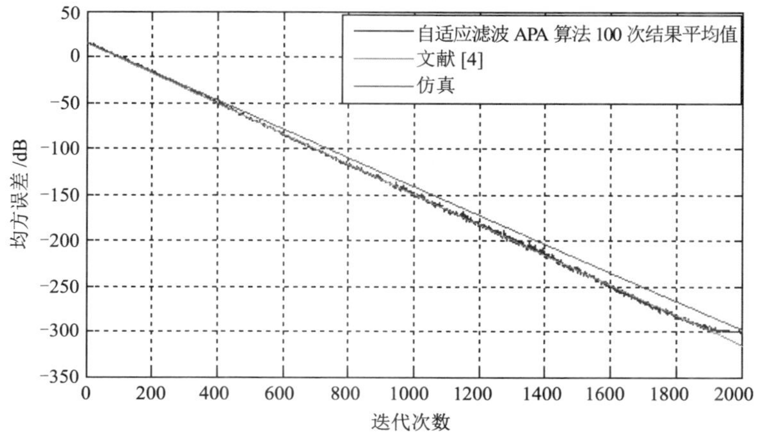

图 2-3　在系统测量噪声可以忽略，输入信号为高斯白噪声的条件下，自适应滤波 APA 算法迭代 2000 步的学习曲线比较

示例 2a　考虑输入信号为 AR(1)模型，表达式为 $x_n = -0.95x_{n-1} + z_n$ 的输入信号，其中 z_n 为均值等于 0 的高斯白噪声信号，并且本示例不考虑系统的测量噪声，参数 $N = 32$ 和 $m = 1$。图 2-4 给出了仿真、文献[4]和所建立的自适应滤波 APA 算法的理论随机统计模型的 MSE 学习曲线，可以发现所建立的自适应滤波 APA 算法的理论随机统计模型的结果优于文献[4]的理论随机统计模型的分析结果，所建立的自适应滤波 APA 算法的理论随机统计模型的学习曲线更接近于自适应滤波 APA 算法的仿真学习曲线。

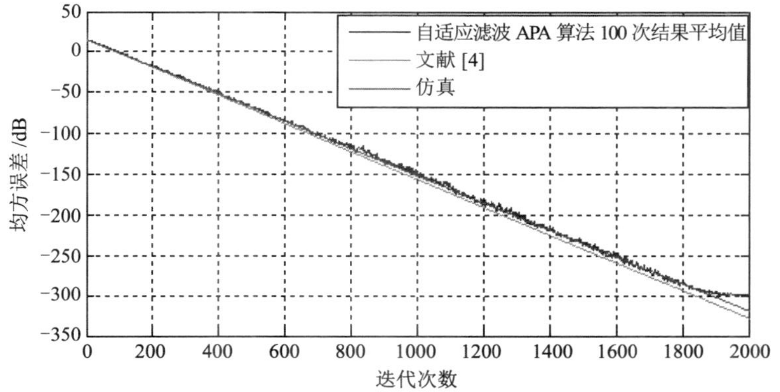

图 2-4　在系统测量噪声可以忽略，输入信号为 AR(1)模型的条件下，自适应滤波 APA 算法学习曲线的比较

示例 3a　考虑输入信号为 AR(2)模型，表达式为 $x_n = 0.4x_{n-1} - (0.5 - 0.6i)\,x_{n-2}$

$+z_n$ 的输入信号，其中 z_n 为均值等于 0 的高斯白噪声信号，系统的测量噪声忽略不计，参数 $N=32$ 和 $m=2$。图 2-5 给出了 AR(2)输入信号模型的频率响应曲线。图 2-6 给出了仿真、文献[4]和所建立的自适应滤波 APA 算法的理论随机统计模型的 MSE 学习曲线的比较，从中可以发现所建立的自适应滤波 APA 算法的理论随机统计模型的学习曲线比文献[4]建立的理论随机统计模型分析的结果更接近于自适应滤波 APA 算法仿真的学习曲线。

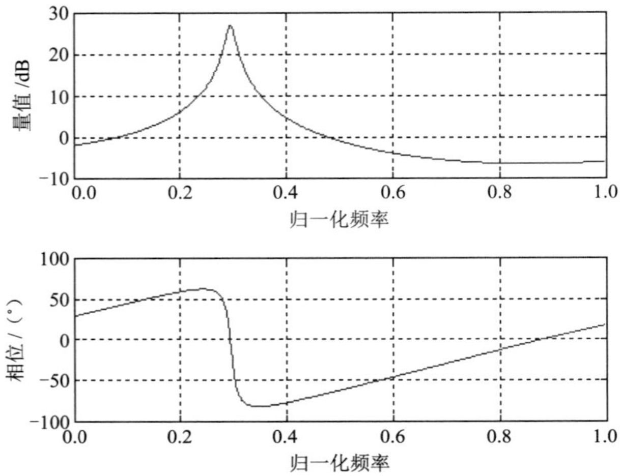

图 2-5　AR(2)输入信号模型的频率响应曲线

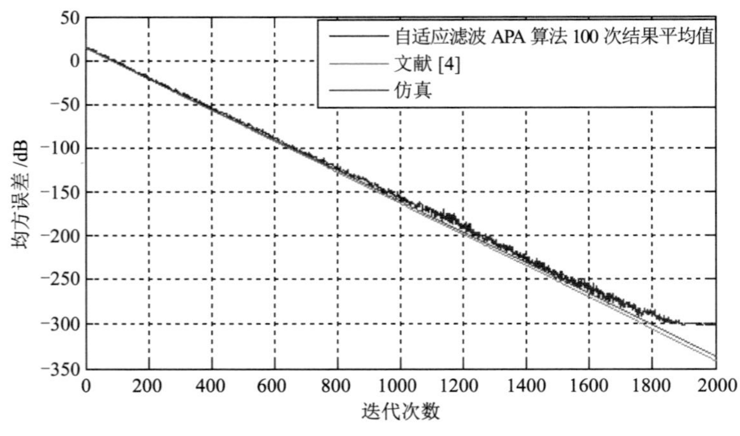

图 2-6　在系统测量噪声可以忽略，输入信号为 AR(2)模型的条件下，自适应滤波 APA 算法学习曲线的比较

示例 4a　考虑输入信号为 AR(4)模型，表达式为 $x_n=0.4x_{n-1}-0.3x_{n-2}+0.1x_{n-3}-(0.5-0.3i)x_{n-4}+z_n$ 的输入信号，其中 z_n 是均值等于 0 的高斯白噪声信号，系统

的测量噪声忽略不计，参数 $N=32$ 和 $m=3$。图 2-7 给出了 AR(4)输入信号模型的频率响应曲线。图 2-8 给出了仿真、文献[4]和所建立的自适应滤波 APA 算法的理论随机统计模型的 MSE 学习曲线。在自适应滤波 APA 算法阶次小于输入信号的自相关阶次的条件下，可以发现所建立的自适应滤波 APA 算法的理论随机统计模型的分析结果明显好于文献[4]建立的理论随机统计模型的学习曲线。

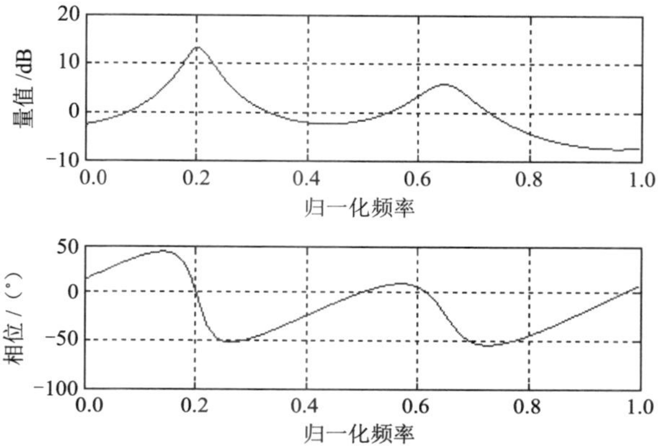

图 2-7　AR(4)输入信号模型的频率响应曲线

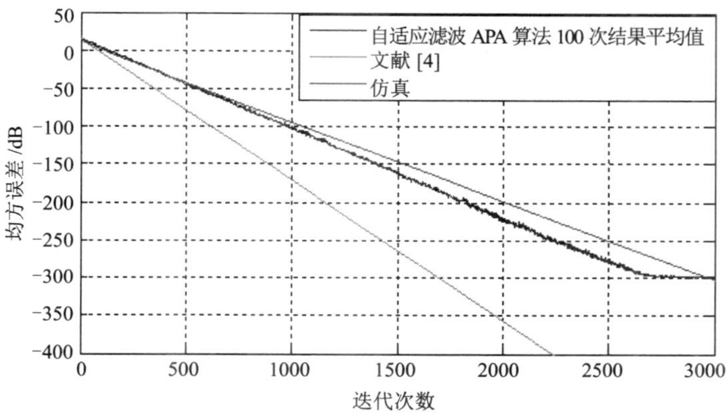

图 2-8　在系统测量噪声可以忽略，输入信号为 AR(2)模型的条件下，自适应滤波 APA 算法学习曲线的比较

示例 5a　考虑输入信号为 ARMA(2, 1)模型，表达式为 $x_n=0.3x_{n-1}-(0.4-0.6i)\times x_{n-2}+z_n+0.9z_{n-1}$ 的输入信号，其中 z_n 是均值等于 0 的高斯白噪声信号，系统的测量噪声忽略不计，参数 $N=32$ 和 $m=7$。图 2-9 给出了 ARMA(2, 1)输入信号模型的频率响应曲线。图 2-10 给出了仿真、文献[4]和所建立的自适应滤波 APA 算法的理论随机统计模型的 MSE 学习曲线，可以发现所建立的自适应滤波 APA 算法的理论随机统计模型的学习曲线更接近于仿真的结果。

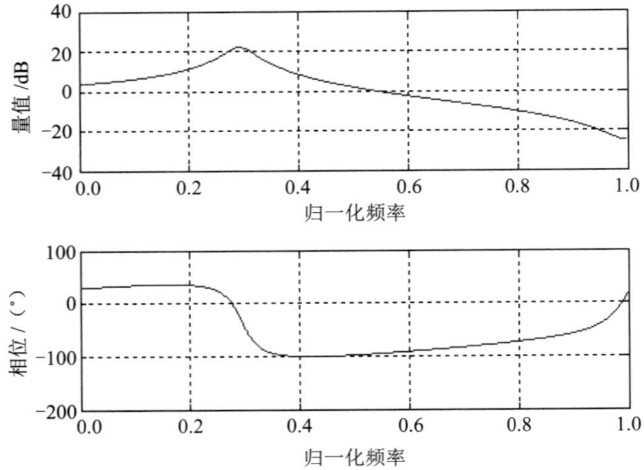

图 2-9　ARMA(2, 1)输入信号模型的频率响应曲线

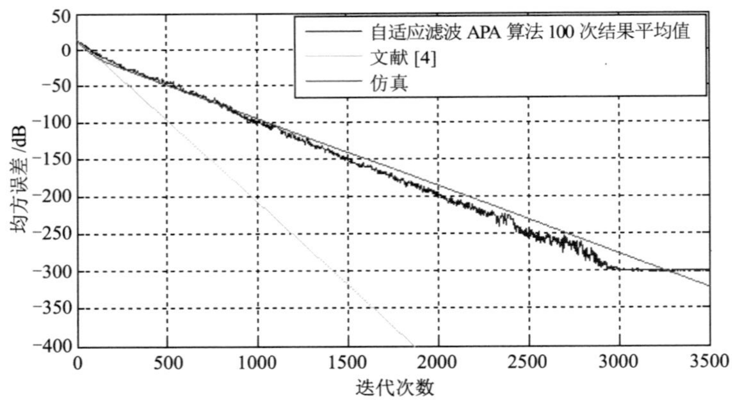

图 2-10　在系统测量噪声可以忽略，输入信号为 ARMA(2, 1)模型的条件下，自适应滤波 APA 算法学习曲线的比较

示例 6a　考虑输入信号为 ARMA(2, 2)模型，表达式为 $x_n = 0.3x_{n-1} - (0.4 - 0.6i) \times x_{n-2} + z_n - 0.2z_{n-1} + 0.4z_{n-2}$ 的输入信号，其中 z_n 为均值等于 0 的高斯白噪声信号，系统的测量噪声忽略不计，参数 $N = 32$ 和 $m = 3$。图 2-11 给出了 ARMA(2, 2)输入信号模型的频率响应曲线。图 2-12 给出了仿真、文献[4]和所建立的自适应滤波 APA 算法的理论随机统计模型的 MSE 学习曲线，可以发现所建立的自适应滤波 APA 算法的理论随机统计模型的学习曲线与仿真结果拟合得非常好，而文献[4]建立的理论随机统计模型的分析结果偏离了仿真的学习曲线。

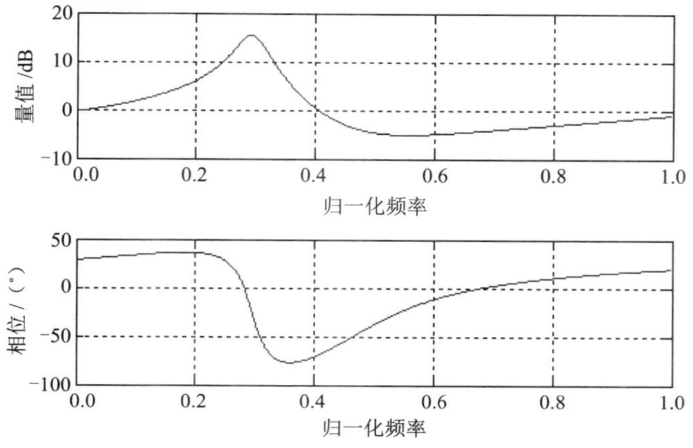

图 2-11　ARMA(2, 2)输入信号模型的频率响应曲线

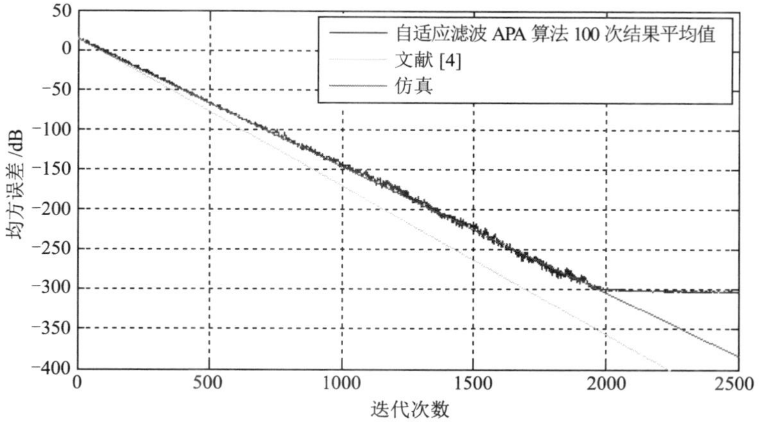

图 2-12　在系统测量噪声可以忽略，输入信号为 ARMA(2, 2)模型的条件下，自适应滤波 APA 算法学习曲线的比较

示例 1b　输入信号同示例 1a 相同，但是系统的测量噪声不可忽略，是方差等于 0.0025，均值等于 0 的白噪声信号，参数 N 和 m 与示例 1a 相同。图 2-13 给出了仿真、文献[4]和所建立的自适应滤波 APA 算法的理论随机统计模型的 MSE 学习曲线，自适应滤波 APA 算法仿真结果的稳定状态值是从迭代步 800 到 1500 的平均值。从中可以发现文献[4]和所建立的理论随机统计模型的学习曲线与仿真的结果都比较吻合，但是图 2-13 表明所建立的自适应滤波 APA 算法的理论随机统计模型的学习曲线要好一点。

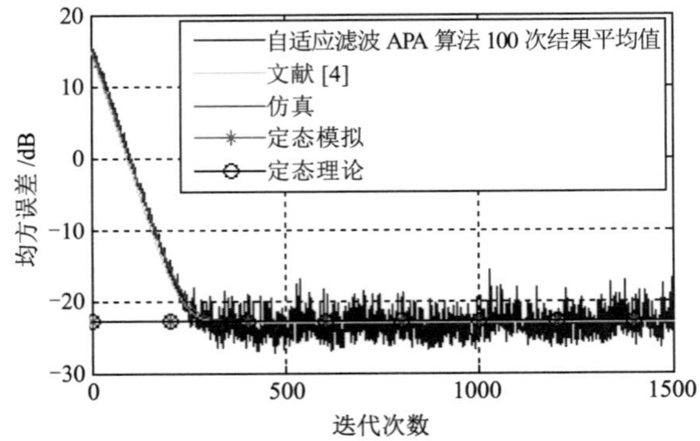

图 2-13　在系统测量噪声不可忽略，输入信号为高斯白噪声的条件下，自适应滤波 APA 算法学习曲线的比较

示例 2b　输入信号和参数 N，m 同示例 2a 完全相同，但是系统的测量噪声不可忽略，是方差等于 0.0025 的白噪声信号。图 2-14 显示了仿真、文献[4]和所建立的自适应滤波 APA 算法的理论随机统计模型的 MSE 学习曲线，自适应滤波 APA 算法仿真结果的稳定状态值是从迭代步 800 到 1500 的平均值。文献[4]中建立的自适应滤波 APA 算法的理论随机统计模型采用的是输入信号 AR 模型的真实参数，而所建立的自适应滤波 APA 算法的理论随机统计模型采用的是输入信号 AR 模型的估计参数。仿真结果表明所建立的自适应滤波 APA 算法的理论随机统计模型 MSE 学习曲线比文献[4]中建立的理论随机统计模型 MSE 的分析结果更接近于真实的仿真结果，所建立的自适应滤波 APA 算法的理论随机统计模型的稳定状态与仿真结果的稳定状态非常吻合。

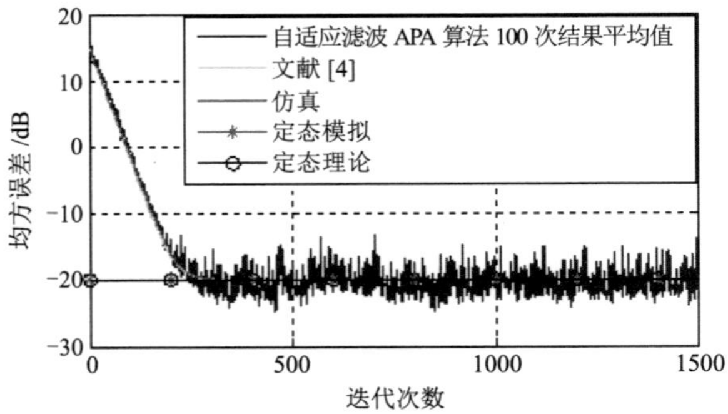

图 2-14　在系统测量噪声不可忽略，输入信号为 AR(1)模型的条件下，自适应滤波 APA 算法学习曲线的比较

示例 3b　输入信号同示例 3a 完全相同，但是系统的测量噪声是方差等于

0.0025 白噪声信号，参数 N 和 m 也与示例 3a 相同。图 2-15 显示了仿真、文献[4]和所建立的自适应滤波 APA 算法的理论随机统计模型的 MSE 学习曲线，自适应滤波 APA 算法仿真结果的稳定状态值为从迭代步 800 到 1500 的平均值。文献[4]中建立的自适应滤波 APA 算法的理论随机统计模型采用的是输入信号 AR 模型的真实参数，而所建立的自适应滤波 APA 算法的理论随机统计模型采用的是输入信号 AR 模型的估计参数。图 2-15 表明所建立的自适应滤波 APA 算法的理论随机统计模型的 MSE 学习曲线比文献[4]中建立的理论随机统计模型的分析结果更接近于自适应滤波 APA 算法仿真的 MSE 学习曲线。

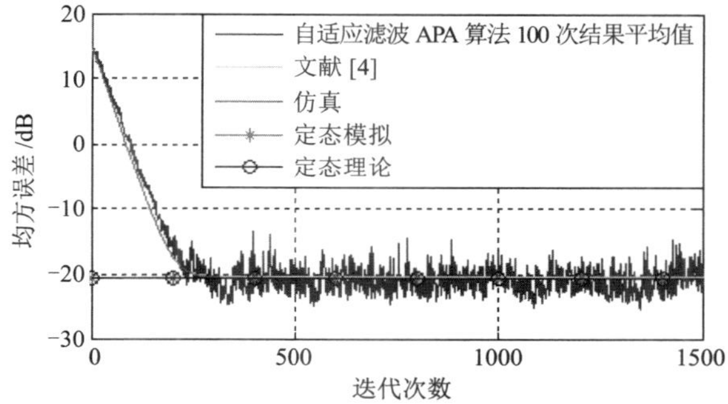

图 2-15　在系统测量噪声不可忽略，输入信号为 AR(2)模型的条件下，自适应滤波 APA 算法学习曲线的比较

示例 4b　输入信号和参数 N，m 同示例 4a 相同，但是系统的测量噪声不可忽略，是方差等于 0.0025 的白噪声信号。在迭代计算系统估计输出信号 MSE 的过程中，文献[4]中建立的自适应滤波 APA 算法的理论随机统计模型采用的是输入信号 AR 模型的真实参数，而所建立的自适应滤波 APA 算法的理论随机统计模型采用的是输入信号 AR 模型的估计参数。图 2-16 显示了仿真、文献[4]和所建立的

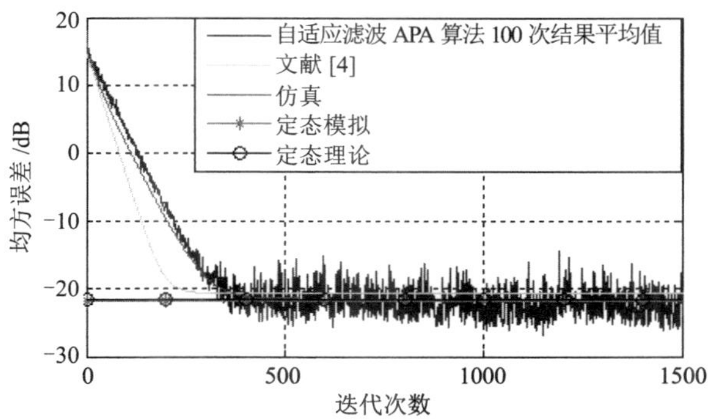

图 2-16　在系统测量噪声不可忽略，输入信号为 AR(4)模型的条件下，自适应滤波 APA 算法学习曲线的比较

自适应滤波 APA 算法的理论随机统计模型的 MSE 学习曲线，自适应滤波 APA 算法仿真结果的稳定状态值是从迭代步 800 到 1500 的平均值，仿真结果表明所建立的自适应滤波 APA 算法的理论随机统计模型的 MSE 学习曲线明显好于文献[4]中建立的理论随机统计模型的学习曲线，特别是自适应滤波 APA 算法迭代达到稳定状态。

示例 5b 输入信号同示例 5a 完全相同，但是系统的测量噪声是方差等于 0.0025 的白噪声信号，参数 N 和 m 同示例 5a 相同。文献[4]中建立的理论随机统计模型不能处理 ARMA 输入信号模型，因此文献[4]中的 AR 输入信号的参数将被所建立的自适应滤波 APA 算法的理论随机统计模型的估计参数所替代。图 2-17 给出了仿真、文献[4]和所建立的自适应滤波 APA 算法的理论随机统计模型的 MSE 学习曲线，自适应滤波 APA 算法仿真结果的稳定状态值是从迭代步 800 到 1500 的平均值。在稳定状态，图 2-17 表明所建立的自适应滤波 APA 算法的理论随机统计模型的 MSE 学习曲线比文献[4]中建立的理论随机统计模型分析的结果更接近自适应滤波 APA 算法的仿真结果。

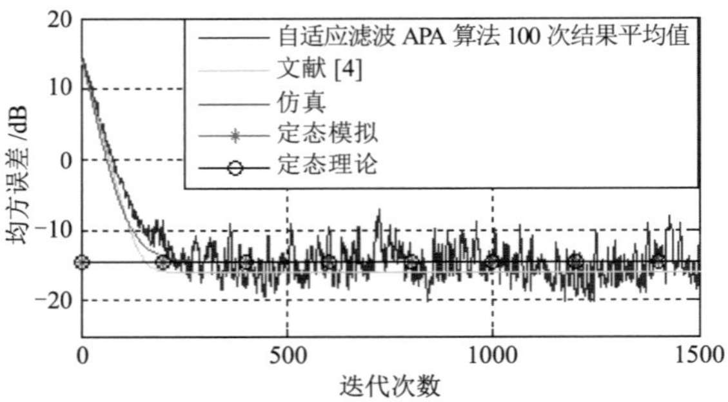

图 2-17 在系统测量噪声不可忽略，输入信号为 ARMA(2, 1)模型的条件下，自适应滤波 APA 算法学习曲线的比较

示例 6b 输入信号同示例 6a 相同，系统的测量噪声同示例 5b 相同，参数 $N = 32$ 和 $m = 3$ 与示例 6a 相同。文献[4]中建立的理论随机统计模型需要真实的 AR 输入信号的参数，不能处理 ARMA 输入信号模型。因此，文献[4]中建立的理论随机统计模型的 AR 输入信号参数将被所建立的自适应滤波 APA 算法的理论随机统计模型的估计参数所替代。图 2-18 显示了仿真、文献[4]和所建立的自适应滤波 APA 算法的理论随机统计模型的 MSE 学习曲线，自适应滤波 APA 算法的仿真结果的稳定状态值是从迭代步 800 到 1500 的平均值。图 2-18 表明所建立的自适应滤波 APA 算法的理论随机统计模型比较好，更接近于自适应滤波 APA 算法仿真的学习曲线。

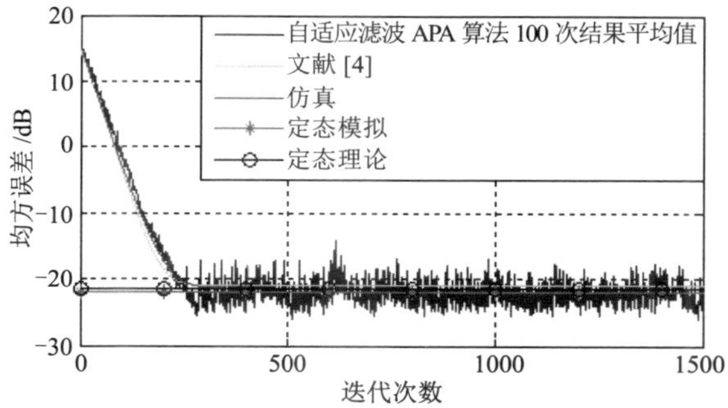

图 2-18　在系统测量噪声不可忽略，输入信号为 ARMA(2, 2)模型的条件下，自适应滤波 APA 算法学习曲线的比较

上面示例的仿真结果表明由所建立的自适应滤波 APA 算法的理论随机统计模型要优于文献[4]中提出的理论随机统计模型，所建立的自适应滤波 APA 算法的理论随机统计模型的学习曲线更接近于自适应滤波 APA 算法的仿真结果，说明了所建立的理论随机统计模型的有效性。同时仿真结果表明所建立的自适应滤波 APA 算法的理论随机统计模型在系统达到稳定状态以前，考虑和不考虑系统的测量噪声两种情况下，学习曲线相互拟合在一起，说明了自适应滤波 APA 算法的抗干扰性。

2.6　本 章 小 结

输入信号的方向向量 $\boldsymbol{\varphi}_n$ 与最近的 m 个输入向量相互的正交，这是自适应滤波 APA 算法比自适应滤波 NLMS 算法收敛速度快的原因，特别是对于高度自相关的输入信号，输入信号的方向向量 $\boldsymbol{\varphi}_n$ 展示了很好的统计特性。在本章通过给出四个假设条件，分析了自适应滤波 APA 算法的收敛特性，给出了自适应滤波 APA 算法的权值误差和 MSE 的理论回归表达式，同时分析了自适应滤波 APA 算法 MSE 的稳定状态，发现自适应滤波 APA 算法的稳定状态权值均方误差的分析方程具有离散时间的平衡系统 Lyapunov 方程的形式，所以可以称自适应滤波 APA 算法为一种输入信号的平衡实现。而且研究的自适应滤波 APA 算法的理论分析统计模型同样适用于 ARMA 输入信号的模型，这是与文献[4]不同之处。仿真结果表明在输入向量的数量参数 m 不变的条件下，输入信号越相关，输入信号方向向量的特征值相差越大，各个方向的 MSE 将会越相互依赖。通过增加参数 m 的数值，特征值将会相互接近，减少各个方向的相关性。同时式（2-55）给出了参数 m 需要满足的上边界条件。

第 3 章　自适应滤波 APA 算法稳定状态的解

由于模型都是非线性系统，怎么实现对参数变化的跟踪，重要的是快速获得每个离散时间点的系统稳定状态。由于自适应滤波 APA 算法的一些固有良好特性，获得了广泛的研究与应用。第 2 章研究了自适应滤波 APA 算法的理论随机统计模型，同时分析了自适应滤波 APA 算法 MSE 的收敛性和稳定性。本章将研究自适应滤波 APA 算法的内部结构，讨论自适应滤波 APA 算法稳定状态的解，并分析稳定状态解的误差和对参数迭代步长的敏感度。本章的内容安排如下：3.1 节通过分析输入信号的方向向量，研究建立了一种新的自适应滤波 APA 算法的迭代模型，在自适应滤波 APA 算法的阶次等于或者大于实际系统自相关阶次的条件下，分析了自适应滤波 APA 算法的内部结构特征；3.2 节基于所研究建立的自适应滤波 APA 算法的迭代结构，获得了自适应滤波 APA 算法稳定状态的解；3.3 节分析了自适应滤波 APA 算法稳定状态解的误差；3.4 节研究了自适应滤波 APA 算法稳定状态的解对参数迭代步长的敏感度；3.5 节对迭代所获得的自适应滤波 APA 算法稳定状态的解和本章计算获得的稳定状态的解在仿真软件 MATLAB 中进行了比较，验证了本章计算获得的自适应滤波 APA 算法稳定状态解的有效性；3.6 节对本章研究的内容进行了总结。

3.1　自适应滤波 APA 算法的分析

本章中式（3-1）～式（3-6）在第 2 章中已经讨论过，为了阅读的方便，将再简单重复叙述一次。如图 2-1 所示，在自适应滤波器辨识模型中，输入是均值等于 0 的稳定信号 x_n，相应的输出信号是 d_n，自适应滤波器的估计输出信号是 $\hat{d}_n$，系统的测量噪声是 ε_n。利用 TDL 可以把输入信号转换为输入向量 $\boldsymbol{x}_n$，定义为

$$\boldsymbol{x}_n = \left(x_n, x_{n-1}, \cdots, x_{n-N+1}\right)^{\mathrm{T}} \tag{3-1}$$

输入信号矩阵 $\boldsymbol{X}_{n,m+1}$ 定义为

$$\boldsymbol{X}_{n,m+1} = \left(\boldsymbol{x}_n, \boldsymbol{x}_{n-1}, \cdots, \boldsymbol{x}_{n-m}\right) \tag{3-2}$$

文献[11]、[12]给出了用自适应滤波器实现 APA 算法迭代更新估计权值向量的模型，如下所示：

$$\hat{d}_n = \boldsymbol{w}_n^{\mathrm{H}} \boldsymbol{x}_n \tag{3-3a}$$

$$e_n = d_n - \hat{d}_n \tag{3-3b}$$

$$\boldsymbol{w}_{n+1} = \boldsymbol{w}_n + \mu \frac{e_n^*}{\boldsymbol{\varphi}_n^{\mathrm{H}} \boldsymbol{\varphi}_n} \boldsymbol{\varphi}_n \tag{3-3c}$$

式中，e_n 表示系统估计输出的误差信号；参数 μ 表示自适应滤波器的迭代步长；$\boldsymbol{w}_n$ 表示在迭代的离散时间点 n，自适应滤波器的估计权值向量；$\boldsymbol{\varphi}_n$ 表示输入信号的方向向量：

$$\boldsymbol{\varphi}_n = \boldsymbol{x}_n - \boldsymbol{X}_{n-1,m} \hat{\boldsymbol{\alpha}}_n \tag{3-3d}$$

输入信号的自相关系数向量是 $\hat{\boldsymbol{\alpha}}_n = \left(\hat{a}_{n,1}, \hat{a}_{n,2}, \cdots, \hat{a}_{n,m}\right)^{\mathrm{T}}$，其结果由方程式（3-3e）给出

$$\hat{\boldsymbol{\alpha}}_n = \left(\boldsymbol{X}_{n-1,m}^{\mathrm{H}} \boldsymbol{X}_{n-1,m}\right)^{-1} \boldsymbol{X}_{n-1,m}^{\mathrm{H}} \boldsymbol{x}_n \tag{3-3e}$$

把式（3-3e）代入式（3-3d），可得输入信号的方向向量为

$$\begin{aligned} \boldsymbol{\varphi}_n &= \boldsymbol{x}_n - \boldsymbol{X}_{n-1,m} \left(\boldsymbol{X}_{n-1,m}^{\mathrm{H}} \boldsymbol{X}_{n-1,m}\right)^{-1} \boldsymbol{X}_{n-1,m}^{\mathrm{H}} \boldsymbol{x}_n \\ &= \left[\boldsymbol{I} - \boldsymbol{X}_{n-1,m} \left(\boldsymbol{X}_{n-1,m}^{\mathrm{H}} \boldsymbol{X}_{n-1,m}\right)^{-1} \boldsymbol{X}_{n-1,m}^{\mathrm{H}}\right] \boldsymbol{x}_n \end{aligned} \tag{3-4}$$

在式（3-4）两边分别前乘以输入信号矩阵的 Hermitian 转换 $\boldsymbol{X}_{n-1,m}^{\mathrm{H}}$，得

$$\begin{aligned} \boldsymbol{X}_{n-1,m}^{\mathrm{H}} \boldsymbol{\varphi}_n &= \left[\boldsymbol{X}_{n-1,m}^{\mathrm{H}} - \boldsymbol{X}_{n-1,m}^{\mathrm{H}} \boldsymbol{X}_{n-1,m} \left(\boldsymbol{X}_{n-1,m}^{\mathrm{H}} \boldsymbol{X}_{n-1,m}\right)^{-1} \boldsymbol{X}_{n-1,m}^{\mathrm{H}}\right] \boldsymbol{x}_n \\ &= \left(\boldsymbol{X}_{n-1,m}^{\mathrm{H}} - \boldsymbol{X}_{n-1,m}^{\mathrm{H}}\right) \boldsymbol{x}_n \\ &= \boldsymbol{0} \end{aligned} \tag{3-5}$$

为了便于分析自适应滤波 APA 算法稳定状态的解，假定存在一个真实的 N 维系统的权值向量 $\boldsymbol{w}^0$。因此，在自适应滤波 APA 算法的阶次等于或者大于实际系统阶次的条件下，可以定义相应系统的估计输出误差信号为

$$e_n = \tilde{\boldsymbol{w}}_n^{\mathrm{H}} \boldsymbol{x}_n + \varepsilon_n \tag{3-6a}$$

其中

$$\tilde{\boldsymbol{w}}_n = \boldsymbol{w}^0 - \boldsymbol{w}_n \tag{3-6b}$$

$$\varepsilon_n = d_n - \boldsymbol{w}^{0\mathrm{H}} \boldsymbol{x}_n \tag{3-6c}$$

假定系统的测量噪声 ε_n 是均值等于 0 的白噪声信号，其方差等于 σ_ε^2，由此可知系统的测量噪声 ε_n 独立于输入信号的方向向量 $\boldsymbol{\varphi}_n$。如果自适应滤波 APA 算法的估计权值向量 $\boldsymbol{w}_n$ 的阶次大于实际系统权值向量 $\boldsymbol{w}^0$ 的阶次，可以认为多余估计

权值向量的元素都等于 0，可以不予考虑。因此，可以仅仅考虑自适应滤波 APA 算法的估计权值向量 $\boldsymbol{w}_n$ 的阶次等于实际系统权值向量 $\boldsymbol{w}^0$ 阶次的情况。

为了获得自适应滤波 APA 算法内部的迭代结构，首先把式（3-6a）代入式（3-3c），得

$$\boldsymbol{w}_{n+1}=\boldsymbol{w}_n+\mu\frac{\boldsymbol{\varphi}_n\boldsymbol{x}_n^{\mathrm{H}}}{\boldsymbol{\varphi}_n^{\mathrm{H}}\boldsymbol{\varphi}_n}\tilde{\boldsymbol{w}}_n+\mu\frac{\boldsymbol{\varphi}_n\varepsilon_n^*}{\boldsymbol{\varphi}_n^{\mathrm{H}}\boldsymbol{\varphi}_n} \tag{3-7}$$

结合式（3-6b）和式（3-7），可以获得自适应滤波 APA 算法的估计权值向量误差的迭代方程：

$$\tilde{\boldsymbol{w}}_{n+1}=\tilde{\boldsymbol{w}}_n-\mu\frac{\boldsymbol{\varphi}_n\boldsymbol{x}_n^{\mathrm{H}}}{\boldsymbol{\varphi}_n^{\mathrm{H}}\boldsymbol{\varphi}_n}\tilde{\boldsymbol{w}}_n-\mu\frac{\boldsymbol{\varphi}_n\varepsilon_n^*}{\boldsymbol{\varphi}_n^{\mathrm{H}}\boldsymbol{\varphi}_n} \tag{3-8}$$

在式（3-8）分别前乘以输入信号方向向量的 Hermitian 转换 $\boldsymbol{\varphi}_n^{\mathrm{H}}$，输入向量的 Hermitian 转换 $\boldsymbol{x}_n^{\mathrm{H}}$ 和输入信号矩阵的 Hermitian 转换 $\boldsymbol{X}_{n-1,m}^{\mathrm{H}}$，利用式（3-3d）结果的 Hermitian 转换 $\boldsymbol{x}_n^{\mathrm{H}}=\boldsymbol{\varphi}_n^{\mathrm{H}}+\hat{\boldsymbol{\alpha}}_n^{\mathrm{H}}\boldsymbol{X}_{n-1,m}^{\mathrm{H}}$ 和式（3-5）的结果 $\boldsymbol{X}_{n-1,m}^{\mathrm{H}}\boldsymbol{\varphi}_n=\boldsymbol{0}$，得

$$\boldsymbol{\varphi}_n^{\mathrm{H}}\tilde{\boldsymbol{w}}_{n+1}=\boldsymbol{\varphi}_n^{\mathrm{H}}\tilde{\boldsymbol{w}}_n-\mu\boldsymbol{x}_n^{\mathrm{H}}\tilde{\boldsymbol{w}}_n-\mu\varepsilon_n^* \tag{3-9a}$$

$$\boldsymbol{x}_n^{\mathrm{H}}\tilde{\boldsymbol{w}}_{n+1}=(1-\mu)\boldsymbol{x}_n^{\mathrm{H}}\tilde{\boldsymbol{w}}_n-\mu\varepsilon_n^* \tag{3-9b}$$

$$\boldsymbol{X}_{n-1,m}^{\mathrm{H}}\tilde{\boldsymbol{w}}_{n+1}=\boldsymbol{X}_{n-1,m}^{\mathrm{H}}\tilde{\boldsymbol{w}}_n \tag{3-9c}$$

利用式（3-2）和式（3-9c），可以得到下面的结果：

$$\begin{cases}\boldsymbol{x}_{n-1-\alpha}^{\mathrm{H}}\tilde{\boldsymbol{w}}_n=\boldsymbol{x}_{n-1-\alpha}^{\mathrm{H}}\tilde{\boldsymbol{w}}_{n-1};\ 1\leqslant\alpha\leqslant m\\ \boldsymbol{x}_{n-2-\beta}^{\mathrm{H}}\tilde{\boldsymbol{w}}_{n-1}=\boldsymbol{x}_{n-2-\beta}^{\mathrm{H}}\tilde{\boldsymbol{w}}_{n-2};\ 1\leqslant\beta\leqslant m-1\\ \boldsymbol{x}_{n-3-\kappa}^{\mathrm{H}}\tilde{\boldsymbol{w}}_{n-2}=\boldsymbol{x}_{n-3-\kappa}^{\mathrm{H}}\tilde{\boldsymbol{w}}_{n-3};\ 1\leqslant\kappa\leqslant m-2\\ \qquad\vdots\\ \boldsymbol{x}_{n-m+1-\gamma}^{\mathrm{H}}\tilde{\boldsymbol{w}}_{n-m+2}=\boldsymbol{x}_{n-m+1-\gamma}^{\mathrm{H}}\tilde{\boldsymbol{w}}_{n-m+1};\ \gamma=1\end{cases} \tag{3-10}$$

由式（3-10），得

$$(\boldsymbol{x}_{n-1},\boldsymbol{x}_{n-2},\cdots,\boldsymbol{x}_{n-m})^{\mathrm{H}}\tilde{\boldsymbol{w}}_n=(\boldsymbol{x}_{n-1}^{\mathrm{H}}\tilde{\boldsymbol{w}}_n,\boldsymbol{x}_{n-2}^{\mathrm{H}}\tilde{\boldsymbol{w}}_{n-1},\cdots,\boldsymbol{x}_{n-m}^{\mathrm{H}}\tilde{\boldsymbol{w}}_{n-m+1}) \tag{3-11}$$

把式（3-9b）回归地代入式（3-11）中，得

$$\boldsymbol{X}_{n-1,m}^{\mathrm{H}}\tilde{\boldsymbol{w}}_n=\left((1-\mu)\tilde{\boldsymbol{w}}_{n-1}^{\mathrm{H}}\boldsymbol{x}_{n-1}-\mu\varepsilon_{n-1},\cdots,(1-\mu)\tilde{\boldsymbol{w}}_{n-m}^{\mathrm{H}}\boldsymbol{x}_{n-m}-\mu\varepsilon_{n-m}\right)^{\mathrm{H}} \tag{3-12}$$

由式（3-6a）和式（3-9a），可得下面的方程式：

$$\mu e_n=\left(\boldsymbol{\varphi}_n^{\mathrm{H}}\tilde{\boldsymbol{w}}_n-\boldsymbol{\varphi}_n^{\mathrm{H}}\tilde{\boldsymbol{w}}_{n+1}\right)^* \tag{3-13}$$

依据式（3-3d）和式（3-13），得

$$\mu e_n=\left(\boldsymbol{\varphi}_n^{\mathrm{H}}\tilde{\boldsymbol{w}}_n-\boldsymbol{x}_n^{\mathrm{H}}\tilde{\boldsymbol{w}}_{n+1}+\hat{\boldsymbol{\alpha}}_n^{\mathrm{H}}\boldsymbol{X}_{n-1,m}^{\mathrm{H}}\tilde{\boldsymbol{w}}_{n+1}\right)^* \tag{3-14}$$

把式（3-9b）、式（3-9c）和式（3-12）代入式（3-14），得

$$\mu e_n = \tilde{\boldsymbol{w}}_n^{\mathrm{H}} \boldsymbol{\varphi}_n - (1-\mu)\tilde{\boldsymbol{w}}_n^{\mathrm{H}} \boldsymbol{x}_n + \mu \varepsilon_n + (1-\mu)\sum_{i=1}^{m} \hat{a}_{n,i} \tilde{\boldsymbol{w}}_{n-i}^{\mathrm{H}} \boldsymbol{x}_{n-i} - \mu \sum_{i=1}^{m} \hat{a}_{n,i} \varepsilon_{n-i} \tag{3-15}$$

根据式（3-6a）和式（3-15），得

$$\begin{aligned} \mu e_n = {} & \tilde{\boldsymbol{w}}_n^{\mathrm{H}} \boldsymbol{\varphi}_n - (1-\mu)(e_n - \varepsilon_n) + \mu \varepsilon_n \\ & + (1-\mu)\sum_{i=1}^{m} \hat{a}_{n,i} (e_{n-i} - \varepsilon_{n-i}) - \mu \sum_{i=1}^{m} \hat{a}_{n,i} \varepsilon_{n-i} \end{aligned} \tag{3-16}$$

由式（3-16），可得

$$e_n = \tilde{\boldsymbol{w}}_n^{\mathrm{H}} \boldsymbol{\varphi}_n + (1-\mu)\sum_{i=1}^{m} \hat{a}_{n,i} e_{n-i} + \varepsilon_n - \sum_{i=1}^{m} \hat{a}_{n,i} \varepsilon_{n-i} \tag{3-17}$$

把式（3-6b）代入式（3-17），得

$$e_n = \boldsymbol{w}^{0\mathrm{H}} \boldsymbol{\varphi}_n - \boldsymbol{w}_n^{\mathrm{H}} \boldsymbol{\varphi}_n + (1-\mu)\sum_{i=1}^{m} \hat{a}_{n,i} e_{n-i} + \varepsilon_n - \sum_{i=1}^{m} \hat{a}_{n,i} \varepsilon_{n-i} \tag{3-18}$$

把式（3-3d）代入式（3-18），得

$$e_n = \boldsymbol{w}^{0\mathrm{H}} \boldsymbol{x}_n - \boldsymbol{w}^{0\mathrm{H}} \boldsymbol{X}_{n-1,m} \hat{\boldsymbol{a}}_n - \boldsymbol{w}_n^{\mathrm{H}} \boldsymbol{\varphi}_n + (1-\mu)\sum_{i=1}^{m} \hat{a}_{n,i} e_{n-i} + \varepsilon_n - \sum_{i=1}^{m} \hat{a}_{n,i} \varepsilon_{n-i} \tag{3-19}$$

根据式（3-2）和式（3-6c），式（3-19）可以重新写为

$$e_n = d_n - \sum_{i=1}^{m} \hat{a}_{n,i} d_{n-i} + (1-\mu)\sum_{i=1}^{m} \hat{a}_{n,i} e_{n-i} - \boldsymbol{w}_n^{\mathrm{H}} \boldsymbol{\varphi}_n \tag{3-20}$$

把式（3-3b）代入式（3-20），得

$$e_n = d_n - \sum_{i=1}^{m} \hat{a}_{n,i} d_{n-i} + (1-\mu)\sum_{i=1}^{m} \hat{a}_{n,i} d_{n-i} - (1-\mu)\sum_{i=1}^{m} \hat{a}_{n,i} \hat{d}_{n-i} - \boldsymbol{w}_n^{\mathrm{H}} \boldsymbol{\varphi}_n \tag{3-21}$$

把式（3-3a）代入式（3-21），得

$$e_n = d_n - \mu \sum_{i=1}^{m} \hat{a}_{n,i} d_{n-i} - (1-\mu)\sum_{i=1}^{m} \hat{a}_{n,i} \boldsymbol{w}_{n-i}^{\mathrm{H}} \boldsymbol{x}_{n-i} - \boldsymbol{w}_n^{\mathrm{H}} \boldsymbol{\varphi}_n \tag{3-22}$$

依据式（3-3c）和式（3-22），自适应滤波 APA 算法的迭代方程可以重新写为

$$e_n = d_n - \mu \sum_{i=1}^{m} \hat{a}_{n,i} d_{n-i} - (1-\mu)\sum_{i=1}^{m} \hat{a}_{n,i} \boldsymbol{w}_{n-i}^{\mathrm{H}} \boldsymbol{x}_{n-i} - \boldsymbol{w}_n^{\mathrm{H}} \boldsymbol{\varphi}_n \tag{3-23}$$

式（3-23）给出了我们一种不同的视觉分析和设计自适应滤波 APA 算法的迭代结构，从中可以看出迭代的方程直接被输入信号的方向向量 $\boldsymbol{\varphi}_n$ 驱动。同时式（3-23）显示出了更多的自适应滤波 APA 算法的内部结构特征，表明自适应滤

波 APA 算法与最近的$(m+1)$个输入向量和输出信号都有联系。因此，更容易获得自适应滤波 APA 算法稳定状态的解，这是与文献[3]、[11]、[12]的不同之处。

3.2 稳定状态的解

由式（3-23），可得

$$\boldsymbol{w}_{n+1}=\left(\boldsymbol{I}-\mu\frac{\boldsymbol{\varphi}_n\boldsymbol{\varphi}_n^{\mathrm{H}}}{\boldsymbol{\varphi}_n^{\mathrm{H}}\boldsymbol{\varphi}_n}\right)\boldsymbol{w}_n+\mu\frac{\boldsymbol{\varphi}_n\left[d_n-\mu\sum_{i=1}^{m}\hat{a}_{n,i}d_{n-i}-(1-\mu)\sum_{i=1}^{m}\hat{a}_{n,i}\boldsymbol{w}_{n-i}^{\mathrm{H}}\boldsymbol{x}_{n-i}\right]^*}{\boldsymbol{\varphi}_n^{\mathrm{H}}\boldsymbol{\varphi}_n} \tag{3-24}$$

当自适应滤波 APA 算法迭代步数$n\to\infty$时，可得结果$\boldsymbol{w}_{n+1}=\boldsymbol{w}_n=\boldsymbol{w}_{n-i}=\boldsymbol{w}_\infty$。根据此结果，式（3-24）可以重新写为

$$\left[\boldsymbol{\varphi}_n\boldsymbol{\varphi}_n^{\mathrm{H}}+(1-\mu)\sum_{i=1}^{m}\boldsymbol{\varphi}_n\hat{a}_{n,i}^*\boldsymbol{x}_{n-i}^{\mathrm{H}}\right]\boldsymbol{w}_\infty=\boldsymbol{\varphi}_n d_n^*-\mu\sum_{i=1}^{m}\boldsymbol{\varphi}_n\hat{a}_{n,i}^*d_{n-i}^* \tag{3-25}$$

由于稳定状态的估计权值向量$\boldsymbol{w}_\infty$独立于输入信号，可知估计权值向量$\boldsymbol{w}_\infty$独立于输入信号的方向向量$\boldsymbol{\varphi}_n$，输入向量$\boldsymbol{x}_n$和相关系数向量$\hat{\boldsymbol{\alpha}}_n$。因此，对式（3-25）两边取数学期望值，同时定义$\boldsymbol{v}=E(\boldsymbol{w}_\infty)$，可得

$$\boldsymbol{v}=\left[E\left(\boldsymbol{\varphi}_n\boldsymbol{\varphi}_n^{\mathrm{H}}\right)+(1-\mu)\sum_{i=1}^{m}E\left(\boldsymbol{\varphi}_n\hat{a}_{n,i}^*\boldsymbol{x}_{n-i}^{\mathrm{H}}\right)\right]^{-1}\left[E\left(\boldsymbol{\varphi}_n d_n^*\right)-\mu\sum_{i=1}^{m}E\left(\boldsymbol{\varphi}_n\hat{a}_{n,i}^*d_{n-i}^*\right)\right] \tag{3-26}$$

方程式（3-26）是自适应滤波 APA 算法稳定状态的解，如果让自适应滤波器的迭代步长等于 1，可得

$$\boldsymbol{v}_1=\left[E\left(\boldsymbol{\varphi}_n\boldsymbol{\varphi}_n^{\mathrm{H}}\right)\right]^{-1}\left[E\left(\boldsymbol{\varphi}_n d_n^*\right)-\sum_{i=1}^{m}E\left(\boldsymbol{\varphi}_n\hat{a}_{n,i}^*d_{n-i}^*\right)\right] \tag{3-27}$$

如果式（3-26）中的迭代步长等于 0，也就是说让式（3-24）中的迭代步长非常接近于 0，可以得到

$$\boldsymbol{v}_0=\left[E\left(\boldsymbol{\varphi}_n\boldsymbol{\varphi}_n^{\mathrm{H}}\right)+\sum_{i=1}^{m}E\left(\boldsymbol{\varphi}_n\hat{a}_{n,i}^*\boldsymbol{x}_{n-i}^{\mathrm{H}}\right)\right]^{-1}E\left(\boldsymbol{\varphi}_n d_n^*\right) \tag{3-28}$$

根据式（3-3d）和式（3-28），可得

$$\boldsymbol{v}_0=\left[E\left(\boldsymbol{\varphi}_n\boldsymbol{x}_n^{\mathrm{H}}\right)\right]^{-1}E\left(\boldsymbol{\varphi}_n d_n^*\right) \tag{3-29}$$

如果参数$m=0$，则输入信号的方向向量$\boldsymbol{\varphi}_n$和输入向量$\boldsymbol{x}_n$相等。由式（3-26），

可得自适应滤波 NLMS 算法稳定状态的解

$$\hat{\boldsymbol{v}}=\left[E\left(\boldsymbol{x}_n\boldsymbol{x}_n^{\mathrm{H}}\right)\right]^{-1}E\left(\boldsymbol{x}_n d_n^*\right) \tag{3-30}$$

式（3-30）的结果与文献[62]中的结果完全相同，称为 Wiener 解。由式（3-30）可知 Wiener 解不依赖于参数迭代步长的大小。

3.3　稳定状态解的误差

定义矩阵 $\boldsymbol{K}$ 为

$$\boldsymbol{K}=\left[E\left(\boldsymbol{\varphi}_n\boldsymbol{\varphi}_n^{\mathrm{H}}\right)+(1-\mu)\sum_{i=1}^{m}E\left(\boldsymbol{\varphi}_n\hat{a}_{n,i}^*\boldsymbol{x}_{n-i}^{\mathrm{H}}\right)\right]^{-1} \tag{3-31}$$

由于系统的测量噪声是白噪声，可知系统的测量噪声独立于输入信号，并且均值等于 0。因此，根据式（3-6c）、式（3-26）和式（3-31），得

$$\boldsymbol{v}=\boldsymbol{K}\left[E\left(\boldsymbol{\varphi}_n\boldsymbol{x}_n^{\mathrm{H}}\right)-\mu\sum_{i=1}^{m}E\left(\boldsymbol{\varphi}_n\hat{a}_{n,i}^*\boldsymbol{x}_{n-i}^{\mathrm{H}}\right)\right]\boldsymbol{w}^0 \tag{3-32}$$

定义 $\delta=\boldsymbol{w}^0-\boldsymbol{v}$，由式（3-31）和式（3-32），得

$$\delta=\boldsymbol{K}\left[E\left(\boldsymbol{\varphi}_n\boldsymbol{\varphi}_n^{\mathrm{H}}\right)+(1-\mu)\sum_{i=1}^{m}E\left(\boldsymbol{\varphi}_n\hat{a}_{n,i}^*\boldsymbol{x}_{n-i}^{\mathrm{H}}\right)-E\left(\boldsymbol{\varphi}_n\boldsymbol{x}_n^{\mathrm{H}}\right)+\mu\sum_{i=1}^{m}E\left(\boldsymbol{\varphi}_n\hat{a}_{n,i}^*\boldsymbol{x}_{n-i}^{\mathrm{H}}\right)\right]\boldsymbol{w}^0 \tag{3-33}$$

根据式（3-3d）和式（3-33），得

$$\delta=\boldsymbol{K}\left[E\left(\boldsymbol{\varphi}_n\boldsymbol{\varphi}_n^{\mathrm{H}}\right)-E\left(\boldsymbol{\varphi}_n\boldsymbol{\varphi}_n^{\mathrm{H}}\right)\right]\boldsymbol{w}^0 \tag{3-34}$$

最后，可得

$$\delta=0 \tag{3-35}$$

由此可知，在自适应滤波 APA 算法的阶次等于或者大于实际系统阶次的条件下，由式（3-26）计算获得的稳定状态权值误差等于 0，这说明了所建立的自适应滤波 APA 算法稳定状态权值的有效性。

3.4　对迭代步长的敏感度

利用式（3-31），对式（3-26）两边求参数迭代步长 μ 的导数，可得

$$\frac{\partial\boldsymbol{v}}{\partial\mu}=\boldsymbol{K}\sum_{i=1}^{m}E\left(\boldsymbol{\varphi}_n\hat{a}_{n,i}^*\boldsymbol{x}_{n-i}^{\mathrm{H}}\right)\boldsymbol{K}\left[E\left(\boldsymbol{\varphi}_n d_n^*\right)-\mu\sum_{i=1}^{m}E\left(\boldsymbol{\varphi}_n\hat{a}_{n,i}^*d_{n-i}^*\right)\right]-\boldsymbol{K}\sum_{i=1}^{m}E\left(\boldsymbol{\varphi}_n\hat{a}_{n,i}^*d_{n-i}^*\right) \tag{3-36}$$

由式（3-36），得

$$\frac{\partial \boldsymbol{v}}{\partial \mu} = \boldsymbol{K}\sum_{i=1}^{m} E\left(\boldsymbol{\varphi}_n \hat{a}_{n,i}^* \boldsymbol{x}_{n-i}^{\mathrm{H}}\right)\boldsymbol{K}\left\{E\left(\boldsymbol{\varphi}_n d_n^*\right) - \mu\sum_{i=1}^{m} E\left(\boldsymbol{\varphi}_n \hat{a}_{n,i}^* d_{n-i}^*\right)\right.$$
$$\left. -\left[E\left(\boldsymbol{\varphi}_n\boldsymbol{\varphi}_n^{\mathrm{H}}\right)\left(\sum_{i=1}^{m} E\left(\boldsymbol{\varphi}_n \hat{a}_{n,i}^* \boldsymbol{x}_{n-i}^{\mathrm{H}}\right)\right)^{-1} + (1-\mu)\boldsymbol{I}\right]\sum_{i=1}^{m} E\left(\boldsymbol{\varphi}_n \hat{a}_{n,i}^* d_{n-i}^*\right)\right\} \tag{3-37}$$

根据式（3-37），得

$$\frac{\partial \boldsymbol{v}}{\partial \mu} = \boldsymbol{K}\sum_{i=1}^{m} E\left(\boldsymbol{\varphi}_n \hat{a}_{n,i}^* \boldsymbol{x}_{n-i}^{\mathrm{H}}\right)\boldsymbol{K}\left\{E\left(\boldsymbol{\varphi}_n d_n^*\right) - \sum_{i=1}^{m} E\left(\boldsymbol{\varphi}_n \hat{a}_{n,i}^* d_{n-i}^*\right)\right.$$
$$\left. - E\left(\boldsymbol{\varphi}_n\boldsymbol{\varphi}_n^{\mathrm{H}}\right)\left[\sum_{i=1}^{m} E\left(\boldsymbol{\varphi}_n \hat{a}_{n,i}^* \boldsymbol{x}_{n-i}^{\mathrm{H}}\right)\right]^{-1}\sum_{i=1}^{m} E\left(\boldsymbol{\varphi}_n \hat{a}_{n,i}^* d_{n-i}^*\right)\right\} \tag{3-38}$$

根据系统的测量噪声特性，由式（3-6c）和式（3-38），得

$$\frac{\partial \boldsymbol{v}}{\partial \mu} = \boldsymbol{K}\sum_{i=1}^{m} E\left(\boldsymbol{\varphi}_n \hat{a}_{n,i}^* \boldsymbol{x}_{n-i}^{\mathrm{H}}\right)\boldsymbol{K}\left[E\left(\boldsymbol{\varphi}_n \boldsymbol{x}_n^{\mathrm{H}}\right) - \sum_{i=1}^{m} E\left(\boldsymbol{\varphi}_n \hat{a}_{n,i}^* \boldsymbol{x}_{n-i}^{\mathrm{H}}\right) - E\left(\boldsymbol{\varphi}_n\boldsymbol{\varphi}_n^{\mathrm{H}}\right)\right]\boldsymbol{w}^0 \tag{3-39}$$

最后由式（3-3d）和式（3-39），可得

$$\frac{\partial \boldsymbol{v}}{\partial \mu} = 0 \tag{3-40}$$

根据式（3-35）和式（3-40），可知由式（3-26）计算而得的自适应滤波 APA 算法的稳定状态的解对参数迭代步长 μ 不是非常敏感。

3.5 仿真示例

本节将在仿真软件 MATLAB 中比较自适应滤波 APA 算法的实际权值、由式（3-3）迭代的稳定状态权值和由式（3-26）计算的稳定状态权值。式（3-26）给出的稳定状态权值是由 50000 样本计算而得。在这 50000 样本中，前面的 10000 样本用来获得自适应滤波 APA 算法的稳定状态，后面的 40000 样本用来对由式（3-3）迭代而得的稳定状态权值求平均值。假设初始估计的权值向量 $\boldsymbol{w}_0 = 0$，自适应滤波器的实际权值向量 $\boldsymbol{w}^0$ 具有最大熵，也就是说在输入信号方向向量 $\boldsymbol{\varphi}_n$ 的特征向量 $E\left(\boldsymbol{\varphi}_n\boldsymbol{\varphi}_n^{\mathrm{H}}\right) = \boldsymbol{V}\boldsymbol{\Lambda}\boldsymbol{V}^{\mathrm{H}}$ 的各个方向具有相同大小的幅值，在本书中让其等于 1。因此，可得实际系统的权值向量等于

$$\boldsymbol{w}^0 = \boldsymbol{V}\mathbf{1} \tag{3-41}$$

其中 $\mathbf{1} = (1, 1, \cdots, 1)^{\mathrm{T}}$。在下面的示例中，假定系统的实际结构固定不变，为了让仿

真图像的结果显示清晰以便于观察与分析，同文献[89]、[90]中一样，实际滤波器系统的阶次 $N=7$。

示例 1　仿真所采用的输入信号模型是一个四阶的椭圆数字低通滤波器，其中峰-峰值等于 0.5dB，阻带的最小衰减等于 20dB，截止频率的参数选择等于 0.5。此示例中不考虑系统的测量噪声，参数 $m=1$。图 3-1 给出了输入信号模型的频率响应曲线。图 3-2 比较了三种不同方式获得的稳定状态权值的大小，从图 3-2 中可以看出，在不同的参数迭代步长，由式(3-3)迭代的稳定状态权值和由式(3-26)计算的稳定状态权值大小几乎与实际系统的权值大小一样。当参数迭代步长等于 1 时，图 3-3 给出了实际系统的权值、由式(3-3)迭代的稳定状态权值和由式(3-26)计算的稳定状态权值在复平面的分布。从图 3-2 和图 3-3 中可以得出如下结论：

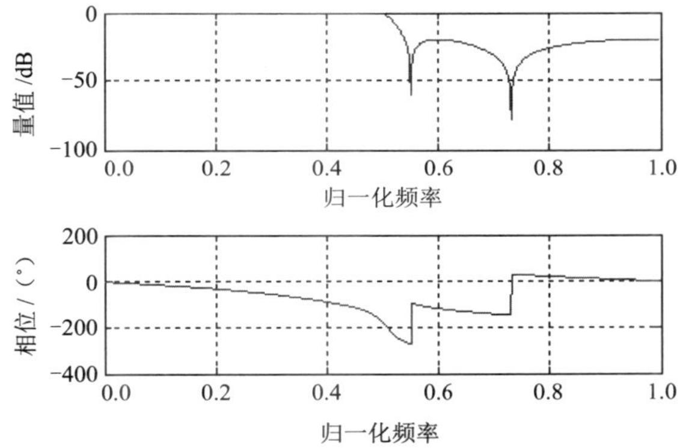

图 3-1　四阶椭圆函数低通滤波输入信号模型的频率响应曲线

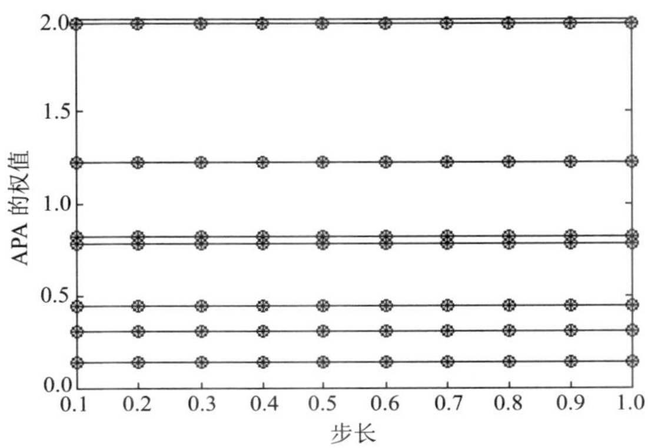

○——实际系统的权值；+——由式（3-3）迭代的权值；×——由式（3-26）计算的权值。

图 3-2　在系统测量噪声可以忽略的条件下，自适应滤波 APA 算法稳定状态权值的大小

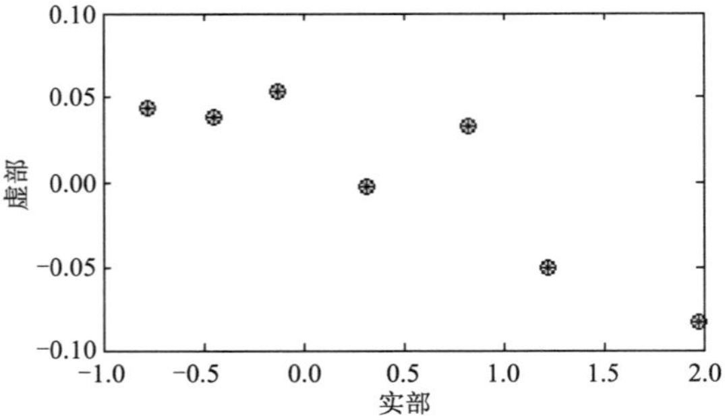

○——实际系统的权值；+——由式（3-3）迭代的权值；×——由式（3-26）计算的权值。

图 3-3　在系统测量噪声可以忽略的条件下，自适应滤波 APA 算法稳定状态权值的复平面分布

在系统的测量噪声可以忽略的条件下，由式（3-3）迭代的稳定状态权值和由式（3-26）计算的稳定状态权值可认为与实际系统的权值相同，自适应滤波 APA 算法表现出了非常好的估计系统稳定状态权值的特性。

示例2　考虑输入信号为AR(1)模型，表达式为 $x_n = -0.95x_{n-1} + z_n$ 的输入信号，其中 z_n 是均值等于 0 的白噪声信号。参数 $m=1$，干扰信号比等于 20dB。图 3-4 给出了实际系统的权值、由式（3-3）迭代的稳定状态权值和由式（3-26）计算的稳定状态权值大小的分布。图 3-4 表明，在不同的迭代步长，由式（3-26）计算的稳定状态权值大小比由式（3-3）迭代的稳定状态权值大小更接近于实际系统权值的大小。图 3-5 给出了参数迭代步长等于 1 时，三种不同方式下获得的稳定状态权值在复平面的分布，仿真结果表明相较于式（3-3），由式（3-26）给出的稳定状态权值更接近于实际系统的权值。

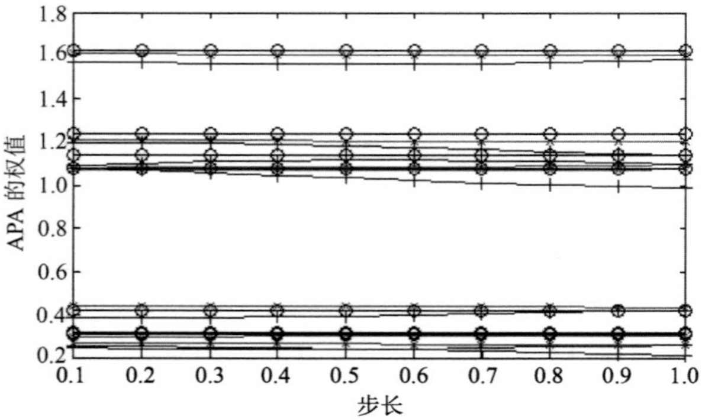

○——实际系统的权值；+——由式（3-3）迭代的权值；×——由式（3-26）计算的权值。

图 3-4　在系统测量噪声不可忽略，输入信号为 AR(1)模型的条件下，自适应滤波 APA 算法稳定状态权值的大小

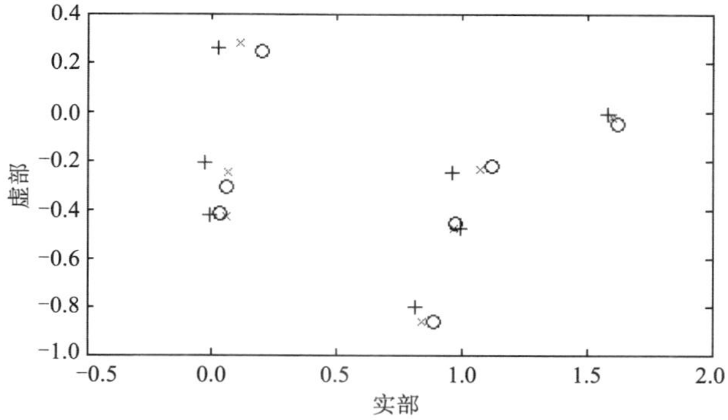

○——实际系统的权值；+——由式（3-3）迭代的权值；×——由式（3-26）计算的权值。

图 3-5　在系统测量噪声不可忽略，输入信号为 AR(1)模型的条件下，自适应滤波 APA 算法稳定状态权值的复平面分布

示例 3　输入信号为 AR(2)模型，表达式为 $x_n = 0.4x_{n-1} - (0.5 - 0.6\mathrm{i})x_{n-2} + z_n$ 的输入信号，其中 z_n 是均值等于 0 的白噪声信号。参数 $m = 2$，干扰信号比等于 20dB。图 2-5 给出了输入信号 AR(2)模型的频率响应曲线。图 3-6 给出了在不同的迭代步长下，实际系统的权值、由式（3-3）迭代的稳定状态权值和由式（3-26）计算的稳定状态权值大小的分布。在参数迭代步长等于 1 时，图 3-7 给出了实际系统的权值、由式（3-3）迭代的稳定状态权值和由式（3-26）计算的稳定状态权值的复平面分布。从图 3-6 和图 3-7 可以看出，由式（3-26）计算的稳定状态权值优于由式（3-3）迭代的稳定状态权值，由式（3-26）计算的稳定状态权值更接近于实际系统的权值。

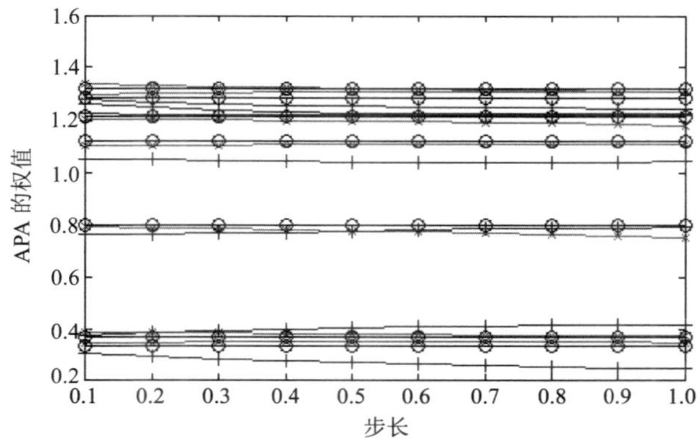

○——实际系统的权值；+——由式（3-3）迭代的权值；×——由式（3-26）计算的权值。

图 3-6　在系统测量噪声不可忽略，输入信号为 AR(2)模型的条件下，自适应滤波 APA 算法稳定状态权值的大小

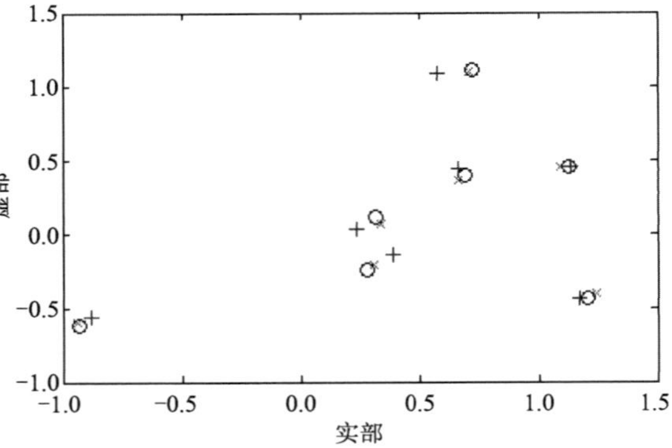

○——实际系统的权值；+——由式（3-3）迭代的权值；×——由式（3-26）计算的权值。

图 3-7　在系统测量噪声不可忽略，输入信号为 AR(2)模型的条件下，自适应滤波 APA 算法稳定状态权值的复平面分布

示例 4　考虑输入信号为 AR(4)模型，表达式为 $x_n = 0.4x_{n-1} - 0.3x_{n-2} + 0.1x_{n-3} - (0.5 - 0.3\mathrm{i})x_{n-4} + z_n$ 的输入信号，其中 z_n 是均值等于 0 的白噪声信号。干扰信号比等于 20dB，参数 $m = 3$。图 2-7 给出了输入信号 AR(4)模型的频率响应曲线。在不同的参数迭代步长下，图 3-8 比较了实际系统的权值、由式（3-3）迭代的稳定状态权值和由式（3-26）计算的稳定状态权值的大小。当参数迭代步长等于 1 时，图 3-9 比较了实际系统的权值、由式（3-3）迭代的稳定状态权值和由式（3-26）计算的稳定状态权值在复平面的分布。仿真结果表明由式（3-26）计算的自适应滤波 APA 算法的稳定状态权值优于由式（3-3）迭代的自适应滤波 APA 算法的稳定状态权值，由式（3-26）计算的自适应滤波 APA 算法的稳定状态权值更接近于实际系统的权值。

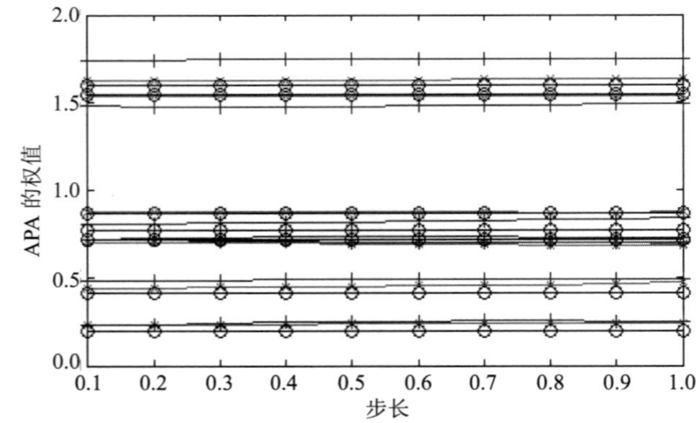

○——实际系统的权值；+——由式（3-3）迭代的权值；×——由式（3-26）计算的权值。

图 3-8　在系统测量噪声不可忽略，输入信号为 AR(4)模型的条件下，自适应滤波 APA 算法稳定状态权值的大小

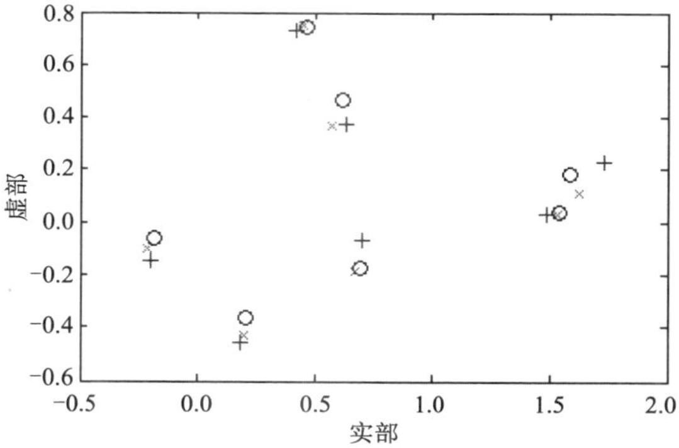

○——实际系统的权值；+——由式（3-3）迭代的权值；×——由式（3-26）计算的权值。

图 3-9　在系统测量噪声不可忽略，输入信号为 AR(4)模型的条件下，自适应滤波 APA 算法稳定状态权值的复平面分布

示例 5　考虑输入信号为 ARMA(2,1)模型，表达式为 $x_n = 0.3x_{n-1} - (0.4 - 0.6\mathrm{i})x_{n-2} + z_n + 0.9z_{n-1}$ 的输入信号，其中 z_n 是均值等于 0 的白噪声信号。干扰信号比等于 20dB，参数 $m = 1$。图 2-9 给出了输入信号 ARMA(2,1)模型的频率响应曲线。在不同的参数迭代步长下，图 3-10 比较了实际系统的权值、由式（3-3）迭代的稳定状态权值和由式（3-26）计算的稳定状态权值大小。图 3-10 表明参数迭代步长对由式（3-3）迭代而得的稳定状态权值大小有比较大的影响，而对由式（3-26）计算的稳定状态权值大小影响不是非常大。当参数迭代步长等于 1 时，图 3-11 给出了三种不同方式下获得的自适应滤波 APA 算法的稳定状态权值在复平面的分布，图 3-11 表明由式（3-26）计算的稳定状态权值比由式（3-3）迭代的稳定状态权值更接近于实际系统的权值。

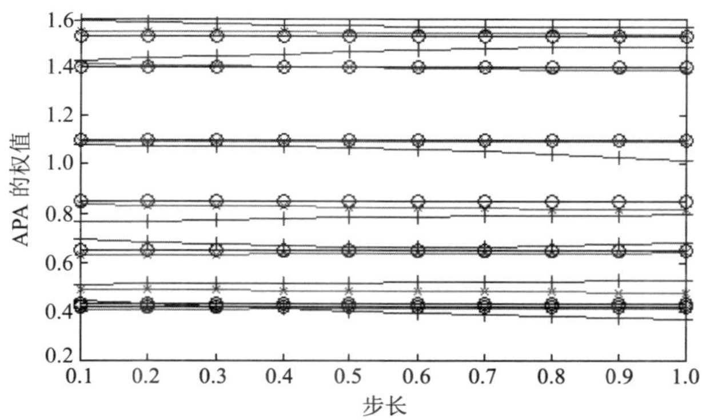

○——实际系统的权值；+——由式（3-3）迭代的权值；×——由式（3-26）计算的权值。

图 3-10　在系统测量噪声不可忽略，输入信号为 ARMA(2, 1)模型的条件下，自适应滤波 APA 算法稳定状态权值的大小

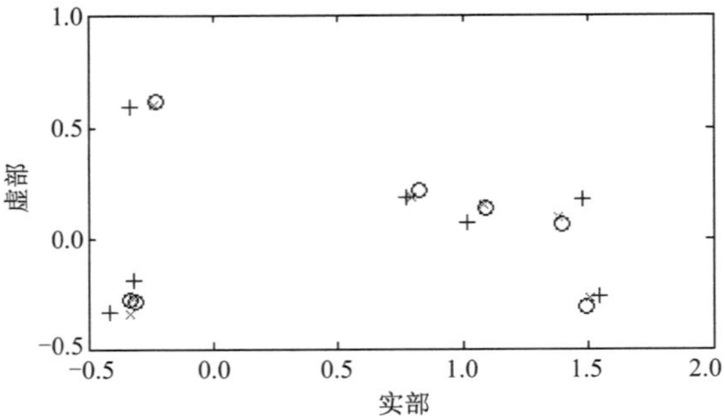

○——实际系统的权值；+——由式（3-3）迭代的权值；×——由式（3-26）计算的权值。

图 3-11　在系统测量噪声不可忽略，输入信号为 ARMA(2, 1)模型的条件下，自适应滤波 APA 算法稳定状态权值的复平面分布

上面的仿真结果表明，由式（3-26）计算的稳定状态权值比由式（3-3）迭代的稳定状态权值更接近于真实系统的权值，验证了由式（3-26）计算的自适应滤波 APA 算法稳定状态权值的有效性。

3.6　本 章 小 结

首先，本章通过分析输入信号方向向量的特性，揭示自适应滤波 APA 算法的迭代结构及其内部结构特征，结果表明它们与最近的$(m+1)$个输入向量和输出信号都有联系。其次，基于研究建立了自适应滤波 APA 算法的迭代模型，在不同的迭代步长条件下，获得了稳定状态的自适应滤波 APA 算法的解。然后，分析了两种特例：迭代步长等于 1 和迭代步长接近等于 0 的情况，分析结果表明，当参数迭代步长接近等于 0 时，自适应滤波 APA 算法的稳定状态权值仅仅与当前的输出信号有关；当迭代步长不接近等于 0 时，自适应滤波 APA 算法的稳定状态权值不仅与当前的输出信号有关，而且依赖于过去的 m 个输出信号。接着研究了自适应滤波 APA 算法稳定状态解的误差，分析表明所获得的自适应滤波 APA 算法稳定状态解的误差等于 0。最后分析了自适应滤波 APA 算法稳定状态的解对参数迭代步长的敏感度，发现其结果也等于 0，说明了由方程式（3-26）计算所得的自适应滤波 APA 算法稳定状态的解对参数迭代步长不是非常敏感。仿真的结果说明了由式（3-26）计算所获得的自适应滤波 APA 算法稳定状态的解优于由式（3-3）迭代所获得的自适应滤波 APA 算法稳定状态的解，验证了由式（3-26）计算的稳定状态权值的有效性。

第 4 章　一种变步长的 AP-REE 算法

在一个固定不变的 N 维坐标系中，LMS 算法是在输入信号的方向迭代，对于高度自相关的输入信号，自适应滤波器的前后迭代方向几乎平行，LMS 算法表现出了收敛速度慢的缺点。为了克服此缺点，Ozeki 和 Umeda 建立了 APA 算法，其迭代方向与多个输入信号方向正交以促进收敛。APA 算法利用估计的输出误差表示迭代误差，而自适应滤波器迭代方向与引起估计输出误差的方向不同，导致修正的估计权值方向与引起估计输出误差的方向不一致。文献[52]通过对 APA 算法迭代方向的分析，建立了一种基于回归估计误差的仿射投影算法（affine projection algorithm using regressive estimated error，AP-REE），促进了自适应滤波收敛的性能，但增加了系统测量噪声。自适应滤波器的跟踪性能——均方偏差和失调量，非常依赖于参数迭代步长。自适应增益的 LMS 算法通过实时估计迭代步长，促进了自适应滤波器的收敛性能[72]。在本章节中，为了促进 AP-REE 算法在迭代方向 MSE 的下降速度，通过实时的估计 AP-REE 算法的迭代步长，获得了一个优化的解，建立了一种变步长的 AP-REE（variable step size affine projection algorithm using regressive estimated error，VSS-AP-REE）算法，促进了自适应滤波器的收敛速度。

4.1　AP-REE 算法

在自适应滤波器的系统辨识模型中，假定系统的输入为广义平稳信号 x_n，相应的输出信号是 d_n，系统测量噪声是均值等于 0 的高斯白噪声 ε_n。利用抽头延迟线可以把输入信号转换为输入向量 $\boldsymbol{x}_n$，定义为

$$\boldsymbol{x}_n=\left[x_n,x_{n-1},\cdots,x_{n-N+1}\right] \tag{4-1}$$

自适应滤波器的目标是在离散的时间点 n，通过利用最近的 $m+1$ 个输入向量，估计一个 N 维的权值向量 $\boldsymbol{w}_n$。定义过去输入的 m 个输入向量构成的输入矩阵 $\boldsymbol{X}_n$ 是

$$\boldsymbol{X}_n=\left[\boldsymbol{x}_n,\boldsymbol{x}_{n-1},\cdots,\boldsymbol{x}_{n-m}\right] \tag{4-2}$$

文献[52]给出了 AP-REE 算法更新权值向量的结构，其迭代过程如下：

$$\tilde{e}_n=d_n-\tilde{d}_n \tag{4-3a}$$

$$e_n = \tilde{e}_n - \sum_{i=1}^{m} \hat{a}_{n,i} \tilde{e}_{n,i} \tag{4-3b}$$

$$\boldsymbol{w}_{n+1} = \boldsymbol{w}_n + \mu \frac{\boldsymbol{\varphi}_n}{\boldsymbol{\varphi}_n^T \boldsymbol{\varphi}_n} e_n \tag{4-3c}$$

式中，$\tilde{e}_n$是估计输出误差；e_n表示 AP-REE 算法的估计迭代误差；$\tilde{d}_n$表示自适应滤波器的估计输出信号；参数μ表示算法的迭代步长；$\boldsymbol{\varphi}_n$表示输入信号的方向向量，定义为

$$\boldsymbol{\varphi}_n = \boldsymbol{x}_n - \boldsymbol{X}_{n-1,m} \hat{\boldsymbol{a}}_n = \boldsymbol{x}_n - \sum_{i=1}^{m} \hat{a}_{n,i} \boldsymbol{x}_{n-i} \tag{4-3d}$$

式（4-3b）和式（4-3d）中的向量$\hat{\boldsymbol{a}}_n = \left[\hat{a}_{n,1}, \hat{a}_{n,2}, \cdots, \hat{a}_{n,m}\right]^{\mathrm{T}}$可以由最小二乘算法计算而得

$$\hat{\boldsymbol{a}}_n = \left(\boldsymbol{X}_n^{\mathrm{T}} \boldsymbol{X}_n\right)^{-1} \boldsymbol{X}_n^{\mathrm{T}} \boldsymbol{x}_n \tag{4-3e}$$

为了便于分析，假定存在一个真实的N维自适应滤波器的权值向量$\boldsymbol{w}^0$。因此，基于文献[52]的结果可得相应的估计迭代误差信号

$$e_n = \tilde{\boldsymbol{w}}_n^{\mathrm{T}} \boldsymbol{\varphi}_n + \vartheta_n \tag{4-4}$$

其中

$$\vartheta_n = \varepsilon_n - \sum_{i=1}^{m} \hat{a}_{n,i} \varepsilon_{n-i} \tag{4-5}$$

和

$$\tilde{\boldsymbol{w}}_n = \boldsymbol{w}^0 - \boldsymbol{w}_n \tag{4-6}$$

从式（4-3c）和式（4-4）可以看出，AP-REE 算法的迭代方向与引起估计迭代误差的方向都是输入信号的方向向量$\boldsymbol{\varphi}_n$，二者的方向相同。从文献[37]中可以看出 APA 算法的迭代方向是输入信号的方向向量$\boldsymbol{\varphi}_n$，但是引起估计迭代误差的方向是输入向量。

利用式（4-4），可得 AP-REE 算法迭代方向二阶统计量的 MSE 等于

$$\begin{aligned}\xi_n &= E\left[\left(\tilde{\boldsymbol{w}}_n^{\mathrm{T}} \boldsymbol{\varphi}_n + \vartheta_n\right)\left(\tilde{\boldsymbol{w}}_n^{\mathrm{T}} \boldsymbol{\varphi}_n + \vartheta_n\right)^{\mathrm{T}}\right] \\ &= E\left[\tilde{\boldsymbol{w}}_n^{\mathrm{T}} \boldsymbol{\varphi}_n \boldsymbol{\varphi}_n^{\mathrm{T}} \tilde{\boldsymbol{w}}_n\right] + E\left[\vartheta_n^2\right] + 2E\left[\boldsymbol{\varphi}_n^{\mathrm{T}} \tilde{\boldsymbol{w}}_n \vartheta_n\right]\end{aligned} \tag{4-7}$$

基于文献[43]中的假设，假定输入信号的方向向量$\boldsymbol{\varphi}_n$是均值等于 0 的高斯向量，其自由度等于$F = (N - m)$，它独立于估计权值向量$\boldsymbol{w}_n$，其中假设合理性的证明在文献[43]中已经给出。由于ϑ_n是由系统测量噪声构成，而系统测量噪声独

立于其他信号。因此，可得

$$E\left[\boldsymbol{\varphi}_n^{\mathrm{T}}\tilde{\boldsymbol{w}}_n\vartheta_n\right]=0 \tag{4-8}$$

和

$$\begin{aligned}E\left[\tilde{\boldsymbol{w}}_n^{\mathrm{T}}\boldsymbol{\varphi}_n\boldsymbol{\varphi}_n^{\mathrm{T}}\tilde{\boldsymbol{w}}_n\right]&=\operatorname{tr}\left(E\left[\tilde{\boldsymbol{w}}_n\tilde{\boldsymbol{w}}_n^{\mathrm{T}}\boldsymbol{\varphi}_n\boldsymbol{\varphi}_n^{\mathrm{T}}\right]\right)\\&=\operatorname{tr}\left(\operatorname{cov}\left(\tilde{\boldsymbol{w}}_n\right)E\left[\boldsymbol{\varphi}_n\boldsymbol{\varphi}_n^{\mathrm{T}}\right]\right)\\&=\sigma_\varphi^2\operatorname{tr}\left(\operatorname{cov}\left(\tilde{\boldsymbol{w}}_n\right)\right)\end{aligned} \tag{4-9}$$

其中，σ_φ^2 表示输入信号方向向量 $\boldsymbol{\varphi}_n$ 的方差。基于式（4-8）和式（4-9），式（4-7）可以重新写为

$$\xi_n=\sigma_\varphi^2\operatorname{tr}\left(\operatorname{cov}\left(\tilde{\boldsymbol{w}}_n\right)\right)+E\left[\vartheta_n^2\right] \tag{4-10}$$

从式（4-10）中可以看出，在输入信号和系统测量噪声一定的条件下，AP-REE 算法迭代方向二阶统计量的 MSE 主要依赖于权值误差协方差矩阵的迹。

4.2　优化的迭代步长

为了分析算法参数迭代步长的优化解，首先把式（4-4）的转置代入式（4-3c），可得

$$\boldsymbol{w}_{n+1}=\boldsymbol{w}_n+\mu\frac{\boldsymbol{\varphi}_n\boldsymbol{\varphi}_n^{\mathrm{T}}}{\boldsymbol{\varphi}_n^{\mathrm{T}}\boldsymbol{\varphi}_n}\tilde{\boldsymbol{w}}_n+\mu\frac{\boldsymbol{\varphi}_n}{\boldsymbol{\varphi}_n^{\mathrm{T}}\boldsymbol{\varphi}_n}\vartheta_n \tag{4-11}$$

结合式（4-6）和式（4-11），可得自适应滤波器权值误差的迭代方程

$$\tilde{\boldsymbol{w}}_{n+1}=\tilde{\boldsymbol{w}}_n-\mu\frac{\boldsymbol{\varphi}_n\boldsymbol{\varphi}_n^{\mathrm{T}}}{\boldsymbol{\varphi}_n^{\mathrm{T}}\boldsymbol{\varphi}_n}\tilde{w}_n-\mu\frac{\boldsymbol{\varphi}_n}{\boldsymbol{\varphi}_n^{\mathrm{T}}\boldsymbol{\varphi}_n}\vartheta_n \tag{4-12}$$

由式（4-12），可得权值误差向量的协方差矩阵

$$\begin{aligned}\operatorname{cov}\left(\tilde{\boldsymbol{w}}_{n+1}\right)=&\operatorname{cov}\left(\tilde{\boldsymbol{w}}_n\right)-\mu\operatorname{cov}\left(\tilde{\boldsymbol{w}}_n\right)E\left[\frac{\boldsymbol{\varphi}_n\boldsymbol{\varphi}_n^{\mathrm{T}}}{\boldsymbol{\varphi}_n^{\mathrm{T}}\boldsymbol{\varphi}_n}\right]-\mu E\left[\frac{\boldsymbol{\varphi}_n\boldsymbol{\varphi}_n^{\mathrm{T}}}{\boldsymbol{\varphi}_n^{\mathrm{T}}\boldsymbol{\varphi}_n}\right]\operatorname{cov}\left(\tilde{\boldsymbol{w}}_n\right)\\&+\mu^2E\left[\frac{\boldsymbol{\varphi}_n\boldsymbol{\varphi}_n^{\mathrm{T}}}{\boldsymbol{\varphi}_n^{\mathrm{T}}\boldsymbol{\varphi}_n}\tilde{\boldsymbol{w}}_n\tilde{\boldsymbol{w}}_n^{\mathrm{T}}\frac{\boldsymbol{\varphi}_n\boldsymbol{\varphi}_n^{\mathrm{T}}}{\boldsymbol{\varphi}_n^{\mathrm{T}}\boldsymbol{\varphi}_n}\right]-\mu E\left[\left(\boldsymbol{I}-\mu\frac{\boldsymbol{\varphi}_n\boldsymbol{\varphi}_n^{\mathrm{T}}}{\boldsymbol{\varphi}_n^{\mathrm{T}}\boldsymbol{\varphi}_n}\right)\tilde{\boldsymbol{w}}_n\frac{\boldsymbol{\varphi}_n\vartheta_n}{\boldsymbol{\varphi}_n^{\mathrm{T}}\boldsymbol{\varphi}_n}\right]\\&-\mu E\left[\frac{\vartheta_n\boldsymbol{\varphi}_n}{\boldsymbol{\varphi}_n^{\mathrm{T}}\boldsymbol{\varphi}_n}\tilde{\boldsymbol{w}}_n^{\mathrm{T}}\left(\boldsymbol{I}-\mu\frac{\boldsymbol{\varphi}_n\boldsymbol{\varphi}_n^{\mathrm{T}}}{\boldsymbol{\varphi}_n^{\mathrm{T}}\boldsymbol{\varphi}_n}\right)\right]+\mu^2E\left[\frac{\boldsymbol{\varphi}_n\vartheta_n}{\boldsymbol{\varphi}_n^{\mathrm{T}}\boldsymbol{\varphi}_n}\frac{\vartheta_n\boldsymbol{\varphi}_n^{\mathrm{T}}}{\boldsymbol{\varphi}_n^{\mathrm{T}}\boldsymbol{\varphi}_n}\right]\end{aligned} \tag{4-13}$$

求方程式（4-13）两边的迹，可得

$$\begin{aligned}\operatorname{tr}\left(\operatorname{cov}\left(\tilde{\boldsymbol{w}}_{n+1}\right)\right) &= \operatorname{tr}\left(\operatorname{cov}\left(\tilde{\boldsymbol{w}}_{n}\right)\right) - \mu\operatorname{tr}\left(\operatorname{cov}\left(\tilde{\boldsymbol{w}}_{n}\right)E\left[\frac{\boldsymbol{\varphi}_n\boldsymbol{\varphi}_n^{\mathrm{T}}}{\boldsymbol{\varphi}_n^{\mathrm{T}}\boldsymbol{\varphi}_n}\right]\right) - \mu\operatorname{tr}\left(E\left[\frac{\boldsymbol{\varphi}_n\boldsymbol{\varphi}_n^{\mathrm{T}}}{\boldsymbol{\varphi}_n^{\mathrm{T}}\boldsymbol{\varphi}_n}\right]\operatorname{cov}\left(\tilde{\boldsymbol{w}}_{n}\right)\right) \\ &\quad + \mu^2\operatorname{tr}\left(E\left[\frac{\boldsymbol{\varphi}_n\boldsymbol{\varphi}_n^{\mathrm{T}}}{\boldsymbol{\varphi}_n^{\mathrm{T}}\boldsymbol{\varphi}_n}\tilde{\boldsymbol{w}}_n\tilde{\boldsymbol{w}}_n^{\mathrm{T}}\frac{\boldsymbol{\varphi}_n\boldsymbol{\varphi}_n^{\mathrm{T}}}{\boldsymbol{\varphi}_n^{\mathrm{T}}\boldsymbol{\varphi}_n}\right]\right) - \mu\operatorname{tr}\left(E\left[\left(\boldsymbol{I}-\mu\frac{\boldsymbol{\varphi}_n\boldsymbol{\varphi}_n^{\mathrm{T}}}{\boldsymbol{\varphi}_n^{\mathrm{T}}\boldsymbol{\varphi}_n}\right)\tilde{\boldsymbol{w}}_n\frac{\boldsymbol{\varphi}_n\vartheta_n}{\boldsymbol{\varphi}_n^{\mathrm{T}}\boldsymbol{\varphi}_n}\right]\right) \\ &\quad - \mu\operatorname{tr}\left(E\left[\frac{\vartheta_n\boldsymbol{\varphi}_n}{\boldsymbol{\varphi}_n^{\mathrm{T}}\boldsymbol{\varphi}_n}\tilde{\boldsymbol{w}}_n^{\mathrm{T}}\left(\boldsymbol{I}-\boldsymbol{\mu}\frac{\boldsymbol{\varphi}_n\boldsymbol{\varphi}_n^{\mathrm{T}}}{\boldsymbol{\varphi}_n^{\mathrm{T}}\boldsymbol{\varphi}_n}\right)\right]\right) + \mu^2\operatorname{tr}\left(E\left[\frac{\boldsymbol{\varphi}_n\vartheta_n}{\boldsymbol{\varphi}_n^{\mathrm{T}}\boldsymbol{\varphi}_n}\frac{\vartheta_n\boldsymbol{\varphi}_n^{\mathrm{T}}}{\boldsymbol{\varphi}_n^{\mathrm{T}}\boldsymbol{\varphi}_n}\right]\right) \\ &\equiv \operatorname{tr}\left(\operatorname{cov}\left(\tilde{\boldsymbol{w}}_{n}\right)\right) - \Delta(\mu) \end{aligned} \tag{4-14}$$

如果选择参数迭代步长 μ 使 $\Delta(\mu)$ 最大化，这样将确保从第 n 时刻点迭代到第 $n+1$ 时刻点的迭代均方误差下降到最大。因此，最大化方程式

$$\begin{aligned}\Delta(\mu) &= \mu\operatorname{tr}\left(\operatorname{cov}\left(\tilde{\boldsymbol{w}}_{n}\right)E\left[\frac{\boldsymbol{\varphi}_n\boldsymbol{\varphi}_n^{\mathrm{T}}}{\boldsymbol{\varphi}_n^{\mathrm{T}}\boldsymbol{\varphi}_n}\right]\right) + \mu\operatorname{tr}\left(E\left[\frac{\boldsymbol{\varphi}_n\boldsymbol{\varphi}_n^{\mathrm{T}}}{\boldsymbol{\varphi}_n^{\mathrm{T}}\boldsymbol{\varphi}_n}\right]\operatorname{cov}\left(\tilde{\boldsymbol{w}}_{n}\right)\right) \\ &\quad + \mu\operatorname{tr}\left(E\left[\left(\boldsymbol{I}-\mu\frac{\boldsymbol{\varphi}_n\boldsymbol{\varphi}_n^{\mathrm{T}}}{\boldsymbol{\varphi}_n^{\mathrm{T}}\boldsymbol{\varphi}_n}\right)\tilde{\boldsymbol{w}}_n\frac{\boldsymbol{\varphi}_n\vartheta_n}{\boldsymbol{\varphi}_n^{\mathrm{T}}\boldsymbol{\varphi}_n}\right]\right) + \mu\operatorname{tr}\left(E\left[\frac{\vartheta_n\boldsymbol{\varphi}_n}{\boldsymbol{\varphi}_n^{\mathrm{T}}\boldsymbol{\varphi}_n}\tilde{\boldsymbol{w}}_n^{\mathrm{T}}\left(\boldsymbol{I}-\boldsymbol{\mu}\frac{\boldsymbol{\varphi}_n\boldsymbol{\varphi}_n^{\mathrm{T}}}{\boldsymbol{\varphi}_n^{\mathrm{T}}\boldsymbol{\varphi}_n}\right)\right]\right) \\ &\quad - \mu^2\operatorname{tr}\left(E\left[\frac{\boldsymbol{\varphi}_n\boldsymbol{\varphi}_n^{\mathrm{T}}}{\boldsymbol{\varphi}_n^{\mathrm{T}}\boldsymbol{\varphi}_n}\tilde{\boldsymbol{w}}_n\tilde{\boldsymbol{w}}_n^{\mathrm{T}}\frac{\boldsymbol{\varphi}_n\boldsymbol{\varphi}_n^{\mathrm{T}}}{\boldsymbol{\varphi}_n^{\mathrm{T}}\boldsymbol{\varphi}_n}\right]\right) - \mu^2\operatorname{tr}\left(E\left[\frac{\boldsymbol{\varphi}_n\vartheta_n}{\boldsymbol{\varphi}_n^{\mathrm{T}}\boldsymbol{\varphi}_n}\frac{\vartheta_n\boldsymbol{\varphi}_n^{\mathrm{T}}}{\boldsymbol{\varphi}_n^{\mathrm{T}}\boldsymbol{\varphi}_n}\right]\right)\end{aligned} \tag{4-15}$$

由于系统测量噪声是均值等于 0 的高斯白噪声，式（4-15）中的第三、四项等于 0。因此，可得优化的参数迭代步长

$$\mu_n = \frac{\operatorname{tr}\left(\operatorname{cov}\left(\tilde{\boldsymbol{w}}_{n}\right)E\left[\frac{\boldsymbol{\varphi}_n\boldsymbol{\varphi}_n^{\mathrm{T}}}{\boldsymbol{\varphi}_n^{\mathrm{T}}\boldsymbol{\varphi}_n}\right]\right) + \mu\operatorname{tr}\left(E\left[\frac{\boldsymbol{\varphi}_n\boldsymbol{\varphi}_n^{\mathrm{T}}}{\boldsymbol{\varphi}_n^{\mathrm{T}}\boldsymbol{\varphi}_n}\right]\operatorname{cov}\left(\tilde{\boldsymbol{w}}_{n}\right)\right)}{2\operatorname{tr}\left(E\left[\frac{\boldsymbol{\varphi}_n\boldsymbol{\varphi}_n^{\mathrm{T}}}{\boldsymbol{\varphi}_n^{\mathrm{T}}\boldsymbol{\varphi}_n}\tilde{\boldsymbol{w}}_n\tilde{\boldsymbol{w}}_n^{\mathrm{T}}\frac{\boldsymbol{\varphi}_n\boldsymbol{\varphi}_n^{\mathrm{T}}}{\boldsymbol{\varphi}_n^{\mathrm{T}}\boldsymbol{\varphi}_n}\right]\right) - 2\operatorname{tr}\left(E\left[\frac{\boldsymbol{\varphi}_n\vartheta_n}{\boldsymbol{\varphi}_n^{\mathrm{T}}\boldsymbol{\varphi}_n}\frac{\vartheta_n\boldsymbol{\varphi}_n^{\mathrm{T}}}{\boldsymbol{\varphi}_n^{\mathrm{T}}\boldsymbol{\varphi}_n}\right]\right)} \tag{4-16}$$

由于变量 $\boldsymbol{\varphi}_n\boldsymbol{\varphi}_n^{\mathrm{T}}$ 中一个元素的变化仅仅影响变量 $\boldsymbol{\varphi}_n^{\mathrm{T}}\boldsymbol{\varphi}_n$ 中 N 个独立项元素一个或者两个的变化。当参数 N 值比较大时，变量 $\boldsymbol{\varphi}_n\boldsymbol{\varphi}_n^{\mathrm{T}}$ 中的元素变化时，变量 $\boldsymbol{\varphi}_n^{\mathrm{T}}\boldsymbol{\varphi}_n$ 的值变化不是很快，所以文献[43]指出变量 $\boldsymbol{\varphi}_n\boldsymbol{\varphi}_n^{\mathrm{T}}$ 与变量 $\boldsymbol{\varphi}_n^{\mathrm{T}}\boldsymbol{\varphi}_n$ 可以认为相互独立。因此，可得式（4-16）中分子的第一项等于

$$\begin{aligned}\operatorname{tr}\left(\operatorname{cov}\left(\tilde{\boldsymbol{w}}_{n}\right)E\left[\frac{\boldsymbol{\varphi}_n\boldsymbol{\varphi}_n^{\mathrm{T}}}{\boldsymbol{\varphi}_n^{\mathrm{T}}\boldsymbol{\varphi}_n}\right]\right) &\approx \operatorname{tr}\left(\operatorname{cov}\left(\tilde{\boldsymbol{w}}_{n}\right)E\left[\frac{1}{\boldsymbol{\varphi}_n^{\mathrm{T}}\boldsymbol{\varphi}_n}\right]E\left(\boldsymbol{\varphi}_n^{\mathrm{T}}\boldsymbol{\varphi}_n\right)\right) \\ &= \sigma_{\varphi}^2\operatorname{tr}\left(\operatorname{cov}\left(\tilde{\boldsymbol{w}}_{n}\right)E\left[\frac{1}{\boldsymbol{\varphi}_n^{\mathrm{T}}\boldsymbol{\varphi}_n}\right]\right)\end{aligned} \tag{4-17}$$

由于假定输入信号的方向向量 $\boldsymbol{\varphi}_n$ 是均值等于 0 的高斯向量，它的自由度等于 $F=(N-m)$[43]。因此，变量 $y=\boldsymbol{\varphi}_n^{\mathrm{T}}\boldsymbol{\varphi}_n$ 服从卡方分布

$$f_y(y)=\frac{1}{2^{F/2}\sigma_\varphi^2\Gamma\left(\frac{F}{2}\right)}y^{(F/2)-1\mathrm{e}^{-y/2\sigma_\varphi^2}};\ y\geqslant 0 \tag{4-18}$$

利用式（4-18），求变量 $\frac{1}{\boldsymbol{\varphi}_n^{\mathrm{T}}\boldsymbol{\varphi}_n}$ 的数学期望值，可得

$$E\left[\frac{1}{\boldsymbol{\varphi}_n^{\mathrm{T}}\boldsymbol{\varphi}_n}\right]=\frac{1}{\sigma_\varphi^2(F-2)} \tag{4-19}$$

由式（4-17）和式（4-19），可得

$$\operatorname{tr}\left(\operatorname{cov}(\tilde{\boldsymbol{w}}_n)E\left[\frac{\boldsymbol{\varphi}_n\boldsymbol{\varphi}_n^{\mathrm{T}}}{\boldsymbol{\varphi}_n^{\mathrm{T}}\boldsymbol{\varphi}_n}\right]\right)\approx\frac{1}{F-2}\operatorname{tr}(\operatorname{cov}(\tilde{\boldsymbol{w}}_n)) \tag{4-20}$$

同理，可得式（4-16）中分子的第二项等于

$$\operatorname{tr}\left(E\left[\frac{\boldsymbol{\varphi}_n\boldsymbol{\varphi}_n^{\mathrm{T}}}{\boldsymbol{\varphi}_n^{\mathrm{T}}\boldsymbol{\varphi}_n}\right]\operatorname{cov}(\tilde{\boldsymbol{w}}_n)\right)\approx\frac{1}{F-2}\operatorname{tr}(\operatorname{cov}(\tilde{\boldsymbol{w}}_n)) \tag{4-21}$$

基于文献[43]，式（4-16）中分母的第一项等于

$$\begin{aligned}&\operatorname{tr}\left(E\left[\frac{\boldsymbol{\varphi}_n\boldsymbol{\varphi}_n^{\mathrm{T}}}{\boldsymbol{\varphi}_n^{\mathrm{T}}\boldsymbol{\varphi}_n}\tilde{\boldsymbol{w}}_n\tilde{\boldsymbol{w}}_n^{\mathrm{T}}\frac{\boldsymbol{\varphi}_n\boldsymbol{\varphi}_n^{\mathrm{T}}}{\boldsymbol{\varphi}_n^{\mathrm{T}}\boldsymbol{\varphi}_n}\right]\right)\\&=\operatorname{tr}\left(\frac{1}{N(F^2+2F)}\left\{F\operatorname{tr}\left[\operatorname{cov}(\tilde{\boldsymbol{w}}_n)\right]+mE\left[\tilde{\boldsymbol{w}}_n^{\mathrm{T}}\right]E\left[\tilde{\boldsymbol{w}}_n^{\mathrm{T}}\right]\right\}\boldsymbol{I}\right)\\&=\frac{1}{F^2+2F}\left\{F\operatorname{tr}\left[\operatorname{cov}(\tilde{\boldsymbol{w}}_n)\right]+mE\left[\tilde{\boldsymbol{w}}_n^{\mathrm{T}}\right]E\left[\tilde{\boldsymbol{w}}_n^{\mathrm{T}}\right]\right\}\end{aligned} \tag{4-22}$$

根据系统测量噪声是均值等于 0 的高斯白噪声，式（4-16）中的分母第二项等于

$$\operatorname{tr}\left(E\left[\frac{\boldsymbol{\varphi}_n\vartheta_n}{\boldsymbol{\varphi}_n^{\mathrm{T}}\boldsymbol{\varphi}_n}\frac{\vartheta_n\boldsymbol{\varphi}_n^{\mathrm{T}}}{\boldsymbol{\varphi}_n^{\mathrm{T}}\boldsymbol{\varphi}_n}\right]\right)=\operatorname{tr}\left(E\left[\frac{\boldsymbol{\varphi}_n\boldsymbol{\varphi}_n^{\mathrm{T}}}{(\boldsymbol{\varphi}_n\boldsymbol{\varphi}_n^{\mathrm{T}})^2}\right]\right)E(\vartheta_n^2) \tag{4-23}$$

与式（4-17）相似，可以认为变量 $\boldsymbol{\varphi}_n\boldsymbol{\varphi}_n^{\mathrm{T}}$ 和变量 $(\boldsymbol{\varphi}_n^{\mathrm{T}}\boldsymbol{\varphi}_n)^2$ 相互独立。因此，可得如下的表达式

$$\begin{aligned}\operatorname{tr}\left(E\left[\frac{\boldsymbol{\varphi}_n\vartheta_n}{\boldsymbol{\varphi}_n^{\mathrm{T}}\boldsymbol{\varphi}_n}\frac{\vartheta_n\boldsymbol{\varphi}_n^{\mathrm{T}}}{\boldsymbol{\varphi}_n^{\mathrm{T}}\boldsymbol{\varphi}_n}\right]\right)&\approx\operatorname{tr}\left(E\left[\boldsymbol{\varphi}_n\boldsymbol{\varphi}_n^{\mathrm{T}}\right]\right)E\left[\frac{1}{(\boldsymbol{\varphi}_n^{\mathrm{T}}\boldsymbol{\varphi}_n)^2}\right]E(\vartheta_n^2)\\&=N\sigma_\varphi^2E(\vartheta_n^2)E\left[\frac{1}{(\boldsymbol{\varphi}_n^{\mathrm{T}}\boldsymbol{\varphi}_n)^2}\right]\end{aligned} \tag{4-24}$$

利用式（4-18），求变量 $\frac{1}{\left(\boldsymbol{\varphi}_n^{\mathrm{T}}\boldsymbol{\varphi}_n\right)^2}$ 的数学期望值，可得

$$E\left[\frac{1}{\left(\boldsymbol{\varphi}_n^{\mathrm{T}}\boldsymbol{\varphi}_n\right)^2}\right]=\frac{1}{\sigma_{\varphi}^4(F-2)(F-4)} \tag{4-25}$$

由式（4-24）和式（4-25），可得

$$\operatorname{tr}\left(E\left[\frac{\boldsymbol{\varphi}_n\vartheta_n}{\boldsymbol{\varphi}_n^{\mathrm{T}}\boldsymbol{\varphi}_n}\frac{\vartheta_n\boldsymbol{\varphi}_n^{\mathrm{T}}}{\boldsymbol{\varphi}_n^{\mathrm{T}}\boldsymbol{\varphi}_n}\right]\right)\approx\frac{N}{\sigma_{\varphi}^2(F-2)(F-4)}E\left(\vartheta_n^2\right) \tag{4-26}$$

把式（4-20）、式（4-21）、式（4-22）和式（4-26）代入式（4-16），可得

$$u_n=\frac{\frac{1}{F-2}\operatorname{tr}\left(\operatorname{cov}(\tilde{w}_n)\right)}{\frac{1}{F^2+2F}\left\{F\operatorname{tr}\left[\operatorname{cov}\left(\tilde{w}_n\right)\right]+mE\left[\tilde{w}_n^{\mathrm{T}}\right]E\left[\tilde{w}_n\right]\right\}+\frac{N}{\sigma_{\varphi}^2(F-2)(F-4)}E\left(\vartheta_n^2\right)} \tag{4-27}$$

把式（4-27）中的分子和分母同时乘以 σ_{φ}^2，可得

$$u_n=\frac{\frac{1}{F-2}\operatorname{tr}\left(\operatorname{cov}(\tilde{w}_n)\right)\sigma_{\varphi}^2}{\frac{1}{F^2+2F}\left\{F\operatorname{tr}\left[\operatorname{cov}\left(\tilde{w}_n\right)\right]\sigma_{\varphi}^2+mE\left[\tilde{w}_n^{\mathrm{T}}\right]E\left[\tilde{w}_n\right]\sigma_{\varphi}^2\right\}+\frac{N}{(F-2)(F-4)}E\left(\vartheta_n^2\right)} \tag{4-28}$$

由式（4-10）和式（4-28），可得

$$\begin{aligned}u_n&=\frac{\frac{1}{F-2}\left(\xi_n-E\left[\vartheta_n^2\right]\right)}{\frac{1}{F^2+2F}\left\{F\left(\xi_n-E\left[\vartheta_n^2\right]+mE\left[\tilde{w}_n^{\mathrm{T}}\right]E\left[\tilde{w}_n\right]\sigma_{\varphi}^2\right)\right\}+\frac{N}{(F-2)(F-4)}E\left(\vartheta_n^2\right)}\\&=\frac{\left(F^2+2F\right)\xi_n-\left(F^2+2F\right)E\left[\vartheta_n^2\right]}{F(F-2)\xi_n+(F-2)mE\left[\tilde{w}_n^{\mathrm{T}}\right]E\left[\tilde{w}_n\right]\sigma_{\varphi}^2+\frac{\left(F^2+2F\right)N}{F-4}-F(F-2)E\left(\vartheta_n^2\right)}\end{aligned} \tag{4-29}$$

$E\left[\vartheta_n^2\right]$ 的结果可由式（4-5）计算而得，由于系统测量噪声是均值等于 0 的高斯白噪声。因此，可得

$$E\left[\vartheta_n^2\right]=\left(1+E\left[\hat{a}_n^{\mathrm{T}}\hat{a}_n\right]\right)\sigma_{\varepsilon}^2 \tag{4-30}$$

其中，σ_{ε}^{2} 是系统测量噪声的方差。为了方便表示，设常数 $C_1=\left(F^2+2F\right)E\left[\vartheta_n^2\right]$ 和 $C_2=E\left[\vartheta_n^2\right]\left[\dfrac{\left(F^2+2F\right)N}{F-4}-F\times\left(F-2\right)\right]$，可得优化的迭代步长等于

$$\mu_n=\frac{\left(F^2+2F\right)\xi_n-C_1}{F\left(F-2\right)\xi_n+\left(F-2\right)mE\left[\tilde{\boldsymbol{w}}_n^{\mathrm{T}}\right]E\left[\tilde{\boldsymbol{w}}_n\right]\sigma_{\varphi}^2+C_2} \tag{4-31}$$

式（4-31）构成了 AP-REE 算法迭代步长的优化解。

4.3　VSS-AP-REE 算法

由于自适应滤波器的权值向量独立于输入信号的方向向量，对式（4-12）两边求数学期望值，可得

$$E\left[\tilde{\boldsymbol{w}}_{n+1}\right]=E\left[\tilde{\boldsymbol{w}}_n\right]-\mu E\left[\frac{\boldsymbol{\varphi}_n\boldsymbol{\varphi}_n^{\mathrm{T}}}{\boldsymbol{\varphi}_n^{\mathrm{T}}\boldsymbol{\varphi}_n}\right]E\left[\tilde{\boldsymbol{w}}_n\right]-\mu E\left[\frac{\boldsymbol{\varphi}_n}{\boldsymbol{\varphi}_n^{\mathrm{T}}\boldsymbol{\varphi}_n}\vartheta_n\right] \tag{4-32}$$

系统测量噪声是均值等于 0 的高斯白噪声，因此，可得式（4-32）中的最后一项等于 0。同时，由于可以认为变量 $\boldsymbol{\varphi}_n\boldsymbol{\varphi}_n^{\mathrm{T}}$ 和变量 $\boldsymbol{\varphi}_n^{\mathrm{T}}\boldsymbol{\varphi}_n$ 相互独立，可得

$$E\left[\tilde{\boldsymbol{w}}_{n+1}\right]=\left(I-\mu E\left[\frac{1}{\boldsymbol{\varphi}_n^{\mathrm{T}}\boldsymbol{\varphi}_n}\right]E\left[\boldsymbol{\varphi}_n\boldsymbol{\varphi}_n^{\mathrm{T}}\right]\right)E\left[\tilde{\boldsymbol{w}}_n\right] \tag{4-33}$$

由于输入信号的方向向量是均值等于 0 的高斯向量，基于式（4-19），可得

$$E\left[\tilde{\boldsymbol{w}}_{n+1}\right]=\left(1-\frac{\mu}{F-2}\right)E\left[\tilde{\boldsymbol{w}}_n\right] \tag{4-34}$$

式（4-31）中的 $E\left[\tilde{\boldsymbol{w}}_n^{\mathrm{T}}\right]$ 和 $E\left[\tilde{\boldsymbol{w}}_n\right]$ 在实际系统中不易直接获得，基于式（4-7）和式（4-34），式（4-31）可以重新写为

$$\mu_n=\frac{\left(F^2+2F\right)e_n^2-C_1}{F\left(F-2\right)e_n^2+\left(F-2\right)m\left(1-\dfrac{\mu_{n-1}}{F-2}\right)^2e_{n-1}^2+C_2} \tag{4-35}$$

利用变步长的参数 μ_n 代替定步长 μ，可得 VSS-AP-REE 算法：

$$\boldsymbol{w}_{n+1}=\boldsymbol{w}_n+\mu_n\frac{\boldsymbol{\varphi}_n}{\boldsymbol{\varphi}_n^{\mathrm{T}}\boldsymbol{\varphi}_n}e_n \tag{4-36}$$

式（4-3a）、式（4-3b）、式（4-3d）、式（4-3e）、式（4-35）和式（4-36）以一定的顺序构成了 VSS-AP-REE 算法。

4.4 系统辨识模型仿真分析

在系统辨识模型中，假定 VSS-AP-REE 算法的初始估计权值向量是 $\boldsymbol{w}_0 = 0$，参数 $N = 32$。由于一个比较合理的选择是限定参数迭代步长的范围在区间(0, 1]。因此，当 VSS-APA-REE 算法的参数迭代步长大于 1 时，设定为 1。系统测量噪声均值等于 0，方差等于10^{-6}的高斯白噪声。假定真实系统的初始权值向量 $\boldsymbol{w}^0$ 具有最大熵，即

$$\boldsymbol{w}^0 = V\mathbf{1} \tag{4-37}$$

其中向量$\mathbf{1} = [1,1,\cdots,1]^{\mathrm{T}}$，输入信号的方向向量自相关矩阵为$E\left[\boldsymbol{\varphi}_n\boldsymbol{\varphi}_n^{\mathrm{T}}\right] = \boldsymbol{V\Lambda V}^{\mathrm{T}}$。

示例 1 考虑表达式为$x_n = -0.5x_{n-1} + z_n$的适度相关输入信号模型，其中z_n为均值等于 0 的高斯白噪声信号。选择参数$m = 1$，$C_1 = 0.0013$和$C_2 = 0.0015$，AP-REE 算法的参数迭代步长选择等于 0.1。图 4-1 给出了 VSS-AP-REE 算法和传统 AP-REE 算法的 MSE 学习曲线的比较，从中可以发现 VSS-AP-REE 算法的收敛速度优于 AP-REE 算法。

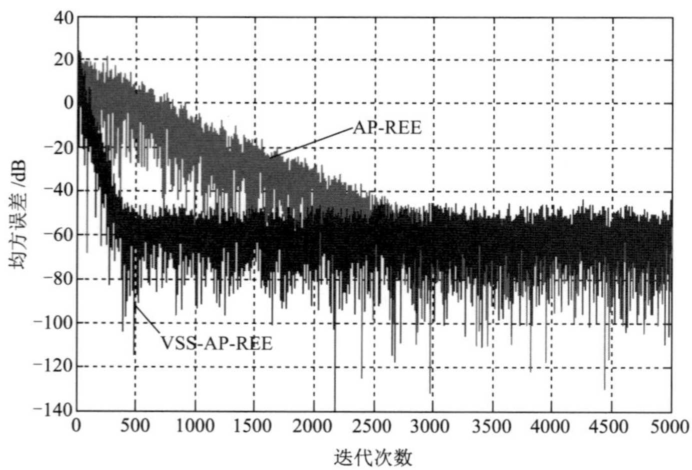

图 4-1 适度相关输入信号 VSS-AP-REE 算法和 AP-REE 算法的学习曲线比较

示例 2 考虑表达式为$x_n = -0.95x_{n-1} + z_n$的高度相关输入信号模型。选择参数$m = 1$，$C_1 = 0.0019$和$C_2 = 0.0022$，AP-REE 算法的参数迭代步长选择等于 0.2。图 4-2 表明相比较于 AP-REE 算法，VSS-AP-REE 算法具有比较快的收敛速度，VSS-AP-REE 算法通过自适应的调节参数迭代步长，促进了自适应滤波器的收敛速度。

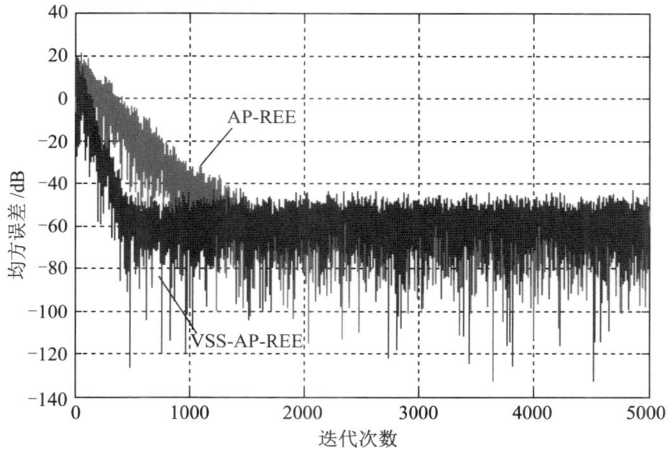

图 4-2　高度相关输入信号 VSS-AP-REE 算法和 AP-REE 算法的学习曲线比较

4.5　信道均衡模型

由于 VSS-AP-REE 算法具有较快的收敛性，故将该优化步长算法运用到自适应横向均衡器的权值更新过程中即可实现快速信道均衡。自适应横向均衡器的结构由两个参数确定：输入的抽头数量 N 和期望信号延迟 $\varDelta$，其中延迟因子 $\varDelta$ 必须小于 N。系统输入有三个信号：传输的信号 x_n，窄带干扰信号 i_n，以及加性高斯白噪声 v_n，这三种信号构成输入信号 u_n，即 $u_n = x_n + i_n + v_n$。

自适应均衡器的输入向量为 $\boldsymbol{u}_n = [u_n, u_{n-1}, \cdots, u_{n-N+1}]^{\mathrm{T}}$，可调的权重向量为 $\boldsymbol{w}_n = [w_{0,n}, w_{1,n}, \cdots, w_{N-1,n}]^{\mathrm{T}}$，均衡器的输出信号 y_n 可以表示为

$$y_n = \boldsymbol{w}_n{}^{\mathrm{T}} \boldsymbol{u}_n \tag{4-38}$$

在信道均衡中，理想信号 d_n 为 $x_{n-\varDelta}$，若用 $\boldsymbol{w}^0$ 表示均衡过程中的理想权值，那么 $\boldsymbol{w}^0$ 在延迟 $\varDelta$ 处元素为 1，其余地方值为 0。d_n 的表达式可以表示为

$$d_n = \boldsymbol{w}^{0\mathrm{T}} \boldsymbol{x}_n \tag{4-39}$$

其中输入信号的方向向量 $\boldsymbol{\varphi}'$ 的表达式为

$$\boldsymbol{\varphi}' = \boldsymbol{u}_n - \boldsymbol{U}_n [\boldsymbol{U}_n^{\mathrm{T}} \boldsymbol{U}_n]^{-1} \boldsymbol{U}_n^{\mathrm{T}} \boldsymbol{u}_n \tag{4-40}$$

将输入信号的方向向量 $\boldsymbol{\varphi}'$ 代入式（4-3c）中可得新的权值更新方程为

$$\boldsymbol{w}_{n+1} = \boldsymbol{w}_n + \mu \frac{\boldsymbol{\varphi}_n'}{\boldsymbol{\varphi}_n'^{\mathrm{T}} \boldsymbol{\varphi}_n'} e_n \tag{4-41}$$

式（4-3d）、式（4-3e）、式（4-35）、式（4-36）、式（4-40）和式（4-41）组成了 VSS-AP- REE 算法在信道均衡中的运用方程。

4.6　信道均衡模型仿真分析

本节对采用 VSS-AP-REE 算法的信道均衡过程进行仿真，算法仿真结果的均方误差学习曲线是通过对 100 个相互独立的学习曲线求平均值而得，延迟因子 $\varDelta$ 取值为抽头数量的一半，即 $\varDelta$=16，参数迭代步长 μ 取值为 1。

示例 3　考虑表达式为 $x_n = 0.95x_{n-1} - 0.95x_{n-2} + z_n$ 的适度相关输入信号模型，其中 z_n 为均值等于 0 的高斯白噪信号。选择参数 $m = 2$，$C_1 = 0.2640$ 和 $C_2 = 0.0939$，VSS-AP-REE 算法的参数迭初始代步长选择等于 0.1。加性噪声 v_n 为白噪声，与理想信号的信噪比设为40dB，干扰信号 i_n 为正弦干扰信号，与信号的信噪比为40dB，图 4-3 给出了信道均衡模式下的 VSS-AP-REE 算法学习曲线。

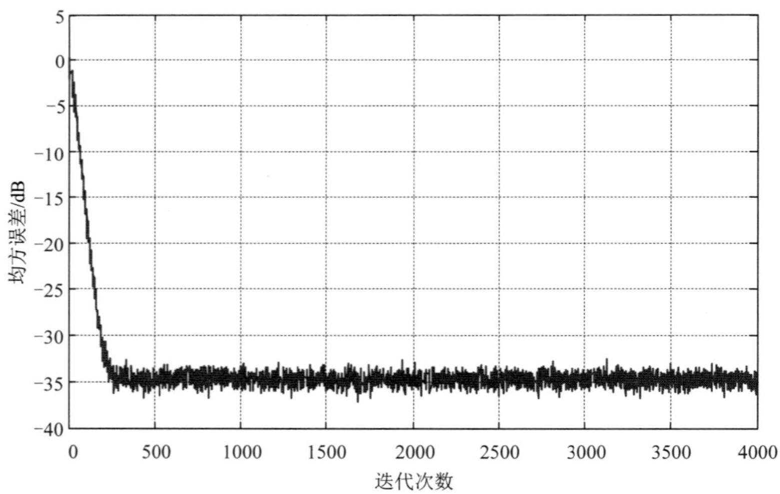

图 4-3　面向信道均衡的 VSS-AP-REE 算法学习曲线

4.7　本 章 小 结

通过选择参数迭代步长 μ 使 $\varDelta(\mu)$ 最大化，确保了从第 n 时刻点迭代到第 $n+1$ 时刻点的迭代均方误差下降到最大，从而促进了自适应滤波器的收敛速度。本章通过分析 AP-REE 算法的收敛性能，获得了一种优化的迭代步长，通过把实时估计的迭代均方误差应用到建立的优化迭代步长中，建立了一种 VSS-AP-REE

算法。仿真结果表明：相比较于传统 AP-REE 算法，本章提出的 VSS-AP-REE 算法促进了自适应滤波器的收敛性能。最后，通过把该算法运用在信道均衡模式，分析了其抗非平稳干扰的能力。

第 5 章　基于直接迭代误差的 APA 算法收敛性

APA 算法和 PAPA 算法的迭代方向是输入信号的方向向量，而迭代误差是由输入向量引起的，这两个方向是不同的，导致自适应滤波器在一定程度上的收敛速度较慢。文献[52]使用回归估计误差作为迭代方向的迭代误差，尽管导致迭代误差的方向不同于自适应滤波器的迭代方向，但相比于 PAPA 算法，此算法在一定程度上促进了自适应滤波器的收敛速度。在本章中，针对 PAPA 算法的问题，建立了一种基于直接迭代误差的 APA（affine projection algorithm with direction error, AP-DE）算法，证明了其迭代误差引起方向与自适应滤波器的迭代方向完全一致，并分析了其在迭代方向上的权值平均误差和权值均方误差，分析了 AP-DE 算法的稳定状态均方误差的性能，建立了优化的迭代步长。

5.1　APA 算法

在自适应滤波器的系统辨识模型中，广义平稳输入 x_n 是零均值信号，且可能被系统测量噪声 ε_n 污染，对应的输出信号为可测量的 d_n。利用抽头延迟线可以把输入信号转换为输入向量 $\boldsymbol{x}_n$，定义为

$$\boldsymbol{x}_n = [x_n, x_{n-1}, \cdots, x_{n-N+1}]^{\mathrm{T}} \tag{5-1}$$

利用在 n 时刻获得的最近（m+1）个输入向量，估算 N 维的权值向量 $\boldsymbol{w}_n$，输入矩阵定义如下：

$$\boldsymbol{X}_n = [\boldsymbol{x}_{n-1}, \boldsymbol{x}_{n-2}, \cdots, \boldsymbol{x}_{n-m}] \tag{5-2}$$

基于均方误差最小化的思想，通过动态调整自适应滤波器的权值向量，使估计的输出信号 $\hat{d}_n$ 尽可能接近 d_n。自适应滤波器实现 PAPA 算法的权值向量更新方程如下[74]：

$$\hat{d}_n = \boldsymbol{w}_n^{\mathrm{T}} \boldsymbol{x}_n \tag{5-3a}$$

$$e_n = d_n - \hat{d}_n \tag{5-3b}$$

$$\boldsymbol{w}_{n+1} = \boldsymbol{w}_n + \mu \frac{e_n}{\boldsymbol{\varphi}_n^{\mathrm{T}} \boldsymbol{\varphi}_n} \boldsymbol{\varphi}_n \tag{5-3c}$$

其中 $(\cdot)^{\mathrm{T}}$ 表示矩阵或向量的转置。输入信号的方向向量 $\boldsymbol{\varphi}_n$ 由下式计算：

$$\boldsymbol{\varphi}_n = \boldsymbol{x}_n - \boldsymbol{X}_n \hat{\boldsymbol{\alpha}}_n \tag{5-3d}$$

向量 $\hat{\boldsymbol{\alpha}}_n = [\hat{a}_{n,1}, \hat{a}_{n,2}, \cdots, \hat{a}_{n,m}]^{\mathrm{T}}$ 由最小二乘法计算而得

$$\hat{\boldsymbol{\alpha}}_n = \left[\boldsymbol{X}_n^{\mathrm{T}} \boldsymbol{X}_n\right]^{-1} \boldsymbol{X}_n^{\mathrm{T}} \boldsymbol{x}_n \tag{5-3e}$$

假设存在一个真实的自适应滤波器 N 维权值向量 $\boldsymbol{w}^0$，则估算的权值误差可以表示为

$$\tilde{\boldsymbol{w}}_n = \boldsymbol{w}^0 - \boldsymbol{w}_n \tag{5-4}$$

相应的系统测量输出信号 d_n 可以写作

$$d_n = \boldsymbol{w}^{0\mathrm{T}} \boldsymbol{x}_n + \varepsilon_n \tag{5-5}$$

其中系统测量噪声 ε_n 是白噪声信号，其均值为 0，方差为 σ_ε^2。基于式（5-3a）、式（5-3b）、式（5-4）和式（5-5），PAPA 算法的迭代方差可以重新写为

$$e_n = \tilde{\boldsymbol{w}}_n^{\mathrm{T}} \boldsymbol{x}_n + \varepsilon_n \tag{5-6}$$

从式（5-3c）和式（5-6）中可以得出，对于 PAPA 算法，迭代方向是输入信号的方向向量 $\boldsymbol{\varphi}_n$，迭代误差是由输入向量 $\boldsymbol{x}_n$ 引起的，这二者的方向是不同的。因此，这在一定程度上导致估计的迭代误差不再准确。图 5-1 给出了输入信号的方向向量与输入向量之间的关系，输入信号的方向向量 $\boldsymbol{\varphi}_n$ 正交于输入向量 $\boldsymbol{x}_{n-1}$。特别是当输入信号高度自相关性时，连续输入向量几乎彼此平行，导致估计的迭代误差偏差较大。权值误差在几何空间上的解释为在第 n 时刻，权值误差等于在输入向量 $\boldsymbol{x}_n$ 方向上线段 OA 的长度，然而实际上权值误差等于输入信号的方向向量 $\boldsymbol{\varphi}_n$ 上线段 OB 的长度。从式（5-3c），得出 $\mu \dfrac{e_n}{\boldsymbol{\varphi}_n^{\mathrm{T}} \boldsymbol{\varphi}_n}$ 是输入信号方向向量 $\boldsymbol{\varphi}_n$ 方向上的标量，也就是使用标量 $\mu \dfrac{e_n}{\boldsymbol{\varphi}_n^{\mathrm{T}} \boldsymbol{\varphi}_n}$ 来更新输入信号方向向量 $\boldsymbol{\varphi}_n$ 方向上的权值向量。

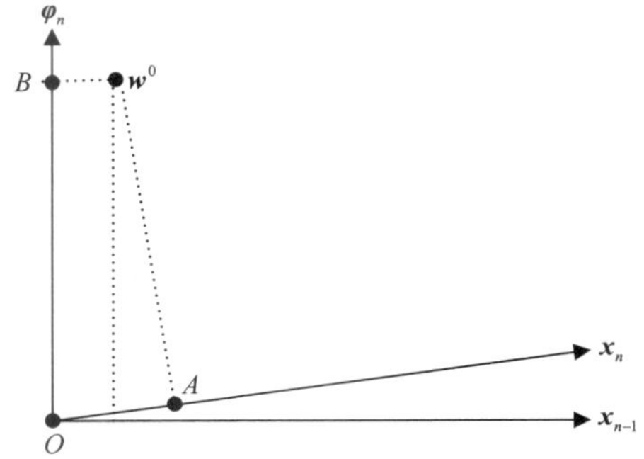

图 5-1　输入信号的方向向量与输入向量之间的关系

然而，输出误差 e_n 是由输入向量 $\boldsymbol{x}_n$ 导致的。因此，应当选择由输入信号的方向向量 $\boldsymbol{\varphi}_n$ 引起的误差。

在 5.2 节将会提出一种 AP-DE 算法，并证明 AP-DE 算法的迭代误差是由输入信号的方向向量 $\boldsymbol{\varphi}_n$ 引起的，这也是自适应滤波器更新权值的方向。

5.2　AP-DE 算法

本章所建立的 AP-DE 算法的迭代方向与迭代误差引起的方向完全一致，其迭代误差定义为

$$\hat{e}_n = d_n - \sum_{i=1}^{m} \hat{a}_{n,i} d_{n-i} - \boldsymbol{w}_n^{\mathrm{T}} \boldsymbol{\varphi}_n \tag{5-7a}$$

且 AP-DE 算法的输出误差与式（5-3b）相同。自适应滤波器实现 AP-DE 算法权值更新的方程为

$$\boldsymbol{w}_{n+1} = \boldsymbol{w}_n + \mu \frac{\hat{e}_n}{\boldsymbol{\varphi}_n^{\mathrm{T}} \boldsymbol{\varphi}_n} \boldsymbol{\varphi}_n \tag{5-7b}$$

由式（5-3d）和式（5-3e），可得输入信号的方向向量 $\boldsymbol{\varphi}_n$ 和最小二乘算法估计的向量 $\hat{\boldsymbol{a}}_n = [\hat{a}_{n,1}, \hat{a}_{n,2}, \cdots, \hat{a}_{n,m}]^{\mathrm{T}}$。由式（5-7b）可以看出，与 PAPA 算法相同，AP-DE 算法的迭代方向是输入信号的方向向量 $\boldsymbol{\varphi}_n$。下面将证明 AP-DE 算法的迭代误差 $\hat{e}_n$ 是由输入信号的方向向量 $\boldsymbol{\varphi}_n$ 引起。

根据式（5-5），式（5-7a）可以重写为

$$\hat{e}_n = \boldsymbol{w}^{0\mathrm{T}} \boldsymbol{x}_n - \sum_{i=1}^{m} \hat{a}_{n,i} \boldsymbol{w}^{0\mathrm{T}} \boldsymbol{x}_{n-i} + \varepsilon_n - \sum_{i=1}^{m} \hat{a}_{n,i} \varepsilon_{n-i} - \boldsymbol{w}_n^{\mathrm{T}} \boldsymbol{\varphi}_n \tag{5-8}$$

由式（5-3d）和式（5-8），可得

$$\hat{e}_n = \boldsymbol{w}^{0\mathrm{T}} \boldsymbol{\varphi}_n + \varepsilon_n - \sum_{i=1}^{m} \hat{a}_{n,i} \varepsilon_{n-i} - \boldsymbol{w}_n^{\mathrm{T}} \boldsymbol{\varphi}_n \tag{5-9}$$

由式（5-4）和式（5-9），可得

$$\hat{e}_n = \tilde{\boldsymbol{w}}_n^{\mathrm{T}} \boldsymbol{\varphi}_n + \vartheta_n \tag{5-10a}$$

其中

$$\vartheta_n = \varepsilon_n - \sum_{i=1}^{m} \hat{a}_{n,i} \varepsilon_{n-i} \tag{5-10b}$$

因此，可以得出，在无系统测量噪声的条件下，AP-DE 算法的迭代误差是由输入信号的方向向量 $\boldsymbol{\varphi}_n$ 引起，这也是自适应滤波器的迭代误差。因此，相比于 PAPA 算法，这个算法在一定程度上提高了自适应滤波器收敛的速度。

5.3　方向向量的统计特性

由式（5-3d）可知，输入信号的方向向量$\boldsymbol{\varphi}_n$是误差向量，基于最小二乘法算法，利用最近过去 m+1 个输入向量的计算而得。因此，AP-DE 算法中迭代方向的权值误差与均方误差性能都依赖于输入信号的方向向量$\boldsymbol{\varphi}_n$统计特性，即依赖于自相关矩阵$\boldsymbol{R}_\varphi = E\left[\boldsymbol{\varphi}_n\boldsymbol{\varphi}_n^{\mathrm{T}}\right]$。

假设 A1　输入信号的方向向量$\boldsymbol{\varphi}_n$的自相关矩阵可以近似为

$$\boldsymbol{R}_\varphi = E\left[\boldsymbol{\varphi}_n\boldsymbol{\varphi}_n^{\mathrm{T}}\right]=\boldsymbol{V}\boldsymbol{\Lambda}\boldsymbol{V}^{\mathrm{T}} \tag{5-11}$$

其中$\boldsymbol{\Lambda}=\mathrm{diag}\left[\lambda_1,\lambda_2,\cdots,\lambda_N\right]$，$\boldsymbol{V}=\left[\boldsymbol{v}_1,\boldsymbol{v}_2,\cdots,\boldsymbol{v}_N\right]$。后者的特征向量是正交的，即$\boldsymbol{V}^{\mathrm{T}}\boldsymbol{V}=\boldsymbol{I}$。

假设 A2　输入信号的方向向量$\boldsymbol{\varphi}_n$是零均值高斯白噪声的随机向量。这个假设已经用于分析 AP 与 PAPA 算法的随机统计特性。

5.4　权 值 误 差

基于以上对输入信号方向向量的统计假设，下面将在自适应滤波器的迭代方向上分析 AP-DE 算法的收敛性。为了分析式（5-7b）的收敛性能。首先，变换式（5-10a），并把其代入式（5-7b），可得

$$\boldsymbol{w}_{n+1}=\boldsymbol{w}_n+\mu\frac{\boldsymbol{\varphi}_n\boldsymbol{\varphi}_n^{\mathrm{T}}}{\boldsymbol{\varphi}_n^{\mathrm{T}}\boldsymbol{\varphi}_n}\tilde{\boldsymbol{w}}_n+\mu\frac{\boldsymbol{\varphi}_n\vartheta_n}{\boldsymbol{\varphi}_n^{\mathrm{T}}\boldsymbol{\varphi}_n} \tag{5-12}$$

结合式（5-4）和式（5-12），得到权值误差向量的迭代方程为

$$\tilde{\boldsymbol{w}}_{n+1}=\tilde{\boldsymbol{w}}_n-\mu\frac{\boldsymbol{\varphi}_n\boldsymbol{\varphi}_n^{\mathrm{T}}}{\boldsymbol{\varphi}_n^{\mathrm{T}}\boldsymbol{\varphi}_n}\tilde{\boldsymbol{w}}_n-\mu\frac{\boldsymbol{\varphi}_n\vartheta_n}{\boldsymbol{\varphi}_n^{\mathrm{T}}\boldsymbol{\varphi}_n} \tag{5-13}$$

系统测量噪声ε_n是零均值信号，并且与其他信号相互独立。因此，式（5-13）中最后一项期望值是 0。基于假设 A2，式（5-13）的期望值为

$$E\left[\tilde{\boldsymbol{w}}_{n+1}\right]=E\left[\tilde{\boldsymbol{w}}_n\right]-\mu E\left[\frac{\boldsymbol{\varphi}_n\boldsymbol{\varphi}_n^{\mathrm{T}}}{\boldsymbol{\varphi}_n^{\mathrm{T}}\boldsymbol{\varphi}_n}\right]E\left[\tilde{\boldsymbol{w}}_n\right] \tag{5-14}$$

式（5-14）第二项$\dfrac{\boldsymbol{\varphi}_n\boldsymbol{\varphi}_n^{\mathrm{T}}}{\boldsymbol{\varphi}_n^{\mathrm{T}}\boldsymbol{\varphi}_n}$中分子的每一个元素$\varphi_n^i\varphi_n^j$仅影响分母$\sum_{k=1}^{N}\left(\varphi_n^k\right)^2$中一项或两项。当 N 的值较大时，相比于$\phi_n^i\phi_n^j$的变化，分母$\boldsymbol{\varphi}_n^{\mathrm{T}}\boldsymbol{\varphi}_n$的变化比较慢。所以，当 N 的值较大时，可以假设随机变量$\boldsymbol{\varphi}_n^{\mathrm{T}}\boldsymbol{\varphi}_n$和$\boldsymbol{\varphi}_n\boldsymbol{\varphi}_n^{\mathrm{T}}$彼此弱相关[15]。因此，最后一

项的计算可以近似为

$$E\left[\frac{\boldsymbol{\varphi}_n\boldsymbol{\varphi}_n^{\mathrm{T}}}{\boldsymbol{\varphi}_n^{\mathrm{T}}\boldsymbol{\varphi}_n}\right] \approx E\left[\frac{1}{\boldsymbol{\varphi}_n^{\mathrm{T}}\boldsymbol{\varphi}_n}\right]E\left[\boldsymbol{\varphi}_n\boldsymbol{\varphi}_n^{\mathrm{T}}\right] \tag{5-15}$$

根据假设 A1 中的式（5-11），$\boldsymbol{\varphi}_n^{\mathrm{T}}\boldsymbol{\varphi}_n$ 的方差可以写为

$$\sigma^2_{\boldsymbol{\varphi}_n^{\mathrm{T}}\boldsymbol{\varphi}_n} = \mathrm{tr}\left(E\left[\boldsymbol{\varphi}_n\boldsymbol{\varphi}_n^{\mathrm{T}}\right]\right) = \sum_{i=1}^{N}\lambda_i \tag{5-16}$$

其中 $\mathrm{tr}(\cdot)$ 表示矩阵的迹。基于假设 A2，由于输入信号的方向向量 $\boldsymbol{\varphi}_n$ 是零均值高斯白噪声随机向量。因此，输入信号的方向向量 $\boldsymbol{\varphi}_n$ 每个元素的方差可以近似表示为

$$\sigma_{\varphi}^2 \approx \frac{1}{N}\sum_{i=1}^{N}\lambda_i \tag{5-17}$$

假设 A2 表明，输入信号的方向向量 $\boldsymbol{\varphi}_n$ 服从高斯白噪声分布。$y = \boldsymbol{\varphi}_n^{\mathrm{T}}\boldsymbol{\varphi}_n$ 服从卡方分布，且自由度为 $F=(N-m)$，则有

$$f_y(y) = \frac{1}{2^{F/2}\sigma_{\varphi}^{F}\Gamma\left(\frac{F}{2}\right)} y^{(F/2)-1}\mathrm{e}^{-y/\left(2\sigma_{\varphi}^2\right)};\ y \geqslant 0 \tag{5-18}$$

因此，可得

$$E\left[\frac{1}{\boldsymbol{\varphi}_n^{\mathrm{T}}\boldsymbol{\varphi}_n}\right] = \frac{N}{(F-2)\sum_{i=1}^{N}\lambda_i} \tag{5-19}$$

根据式（5-11）、式（5-15）和式（5-19），式（5-14）重写为

$$E\left[\tilde{\boldsymbol{w}}_{n+1}\right] = \left(\boldsymbol{I} - \mu\frac{N\boldsymbol{R}_{\varphi}}{(F-2)\sum_{i=1}^{N}\lambda_i}\right)E\left[\tilde{\boldsymbol{w}}_n\right] \tag{5-20}$$

式（5-20）为 AP-DE 算法在迭代方向上的权值平均误差的递归迭代方程。

5.5　权值均方误差

在假设 A2 下，基于式（5-13），AP-DE 算法在迭代方向上权值均方误差的递归迭代方程为

$$
\begin{aligned}
\operatorname{cov}(\tilde{\boldsymbol{w}}_{n+1}) &= \operatorname{cov}(\tilde{\boldsymbol{w}}_n) - \mu \operatorname{cov}(\tilde{\boldsymbol{w}}_n) E\left[\frac{\boldsymbol{\varphi}_n \boldsymbol{\varphi}_n^{\mathrm{T}}}{\boldsymbol{\varphi}_n^{\mathrm{T}} \boldsymbol{\varphi}_n}\right] - \mu E\left[\frac{\boldsymbol{\varphi}_n \boldsymbol{\varphi}_n^{\mathrm{T}}}{\boldsymbol{\varphi}_n^{\mathrm{T}} \boldsymbol{\varphi}_n}\right] \operatorname{cov}(\tilde{\boldsymbol{w}}_n) \\
&\quad + \mu^2 E\left[\frac{\boldsymbol{\varphi}_n \boldsymbol{\varphi}_n^{\mathrm{T}}}{\boldsymbol{\varphi}_n^{\mathrm{T}} \boldsymbol{\varphi}_n} \tilde{\boldsymbol{w}}_n \tilde{\boldsymbol{w}}_n^{\mathrm{T}} \frac{\boldsymbol{\varphi}_n \boldsymbol{\varphi}_n^{\mathrm{T}}}{\boldsymbol{\varphi}_n^{\mathrm{T}} \boldsymbol{\varphi}_n}\right] - \mu E\left[\left(\boldsymbol{I} - \mu \frac{\boldsymbol{\varphi}_n \boldsymbol{\varphi}_n^{\mathrm{T}}}{\boldsymbol{\varphi}_n^{\mathrm{T}} \boldsymbol{\varphi}_n}\right) \tilde{\boldsymbol{w}}_n \frac{\boldsymbol{\varphi}_n^{\mathrm{T}} \vartheta_n}{\boldsymbol{\varphi}_n^{\mathrm{T}} \boldsymbol{\varphi}_n}\right] \\
&\quad - \mu E\left[\frac{\vartheta_n \boldsymbol{\varphi}_n}{\boldsymbol{\varphi}_n^{\mathrm{T}} \boldsymbol{\varphi}_n} \tilde{\boldsymbol{w}}_n^{\mathrm{T}} \left(\boldsymbol{I} - \mu \frac{\boldsymbol{\varphi}_n \boldsymbol{\varphi}_n^{\mathrm{T}}}{\boldsymbol{\varphi}_n^{\mathrm{T}} \boldsymbol{\varphi}_n}\right)\right] + \mu^2 E\left[\frac{\boldsymbol{\varphi}_n \vartheta_n}{\boldsymbol{\varphi}_n^{\mathrm{T}} \boldsymbol{\varphi}_n} \frac{\vartheta_n \boldsymbol{\varphi}_n^{\mathrm{T}}}{\boldsymbol{\varphi}_n^{\mathrm{T}} \boldsymbol{\varphi}_n}\right]
\end{aligned} \tag{5-21}
$$

基于式（5-11）、式（5-15）和式（5-19），式（5-21）中的第二项与第三项可分别写为

$$
\mu \operatorname{cov}(\tilde{\boldsymbol{w}}_n) E\left[\frac{\boldsymbol{\varphi}_n \boldsymbol{\varphi}_n^{\mathrm{T}}}{\boldsymbol{\varphi}_n^{\mathrm{T}} \boldsymbol{\varphi}_n}\right] = \mu N \operatorname{cov}(\tilde{\boldsymbol{w}}_n) \frac{\boldsymbol{V} \boldsymbol{\Lambda} \boldsymbol{V}^{\mathrm{T}}}{(F-2) \sum_{i=1}^{N} \lambda_i} \tag{5-22}
$$

和

$$
\mu E\left[\frac{\boldsymbol{\varphi}_n \boldsymbol{\varphi}_n^{\mathrm{T}}}{\boldsymbol{\varphi}_n^{\mathrm{T}} \boldsymbol{\varphi}_n}\right] \operatorname{cov}(\tilde{\boldsymbol{w}}_n) = \mu N \frac{\boldsymbol{V} \boldsymbol{\Lambda} \boldsymbol{V}^{\mathrm{T}}}{(F-2) \sum_{i=1}^{N} \lambda_i} \operatorname{cov}(\tilde{\boldsymbol{w}}_n) \tag{5-23}
$$

由于系统测量噪声 ε_n 的均值为 0，且与其他信号相互独立。因此，可知式（5-21）中的第五项与第六项都等于 0。式（5-21）中第四项可写为

$$
\mu^2 E\left[\frac{\boldsymbol{\varphi}_n \boldsymbol{\varphi}_n^{\mathrm{T}}}{\boldsymbol{\varphi}_n^{\mathrm{T}} \boldsymbol{\varphi}_n} \tilde{\boldsymbol{w}}_n \tilde{\boldsymbol{w}}_n^{\mathrm{T}} \frac{\boldsymbol{\varphi}_n \boldsymbol{\varphi}_n^{\mathrm{T}}}{\boldsymbol{\varphi}_n^{\mathrm{T}} \boldsymbol{\varphi}_n}\right] = \mu^2 E\left[\frac{\operatorname{tr}\left(\boldsymbol{\varphi}_n^{\mathrm{T}} \tilde{\boldsymbol{w}}_n \tilde{\boldsymbol{w}}_n^{\mathrm{T}} \boldsymbol{\varphi}_n\right) \boldsymbol{\varphi}_n \boldsymbol{\varphi}_n^{\mathrm{T}}}{\left(\boldsymbol{\varphi}_n^{\mathrm{T}} \boldsymbol{\varphi}_n\right)^2}\right] \tag{5-24}
$$

求解式（5-24）需要高阶的统计。由于变量 $\operatorname{tr}\left(\boldsymbol{\varphi}_n^{\mathrm{T}} \tilde{\boldsymbol{w}}_n \tilde{\boldsymbol{w}}_n^{\mathrm{T}} \boldsymbol{\varphi}_n\right)$ 有 F 个自由度，因此输入信号的方向向量 $\boldsymbol{\varphi}_n$ 也有 F 个自由度。每次运行仅有 F 维作用于 $\operatorname{tr}\left(\boldsymbol{\varphi}_n^{\mathrm{T}} \tilde{\boldsymbol{w}}_n \tilde{\boldsymbol{w}}_n^{\mathrm{T}} \boldsymbol{\varphi}_n\right)$，因此假设 N 维空间的另外 m 维等于零。同时，由于变量 $\boldsymbol{\varphi}_n \boldsymbol{\varphi}_n^{\mathrm{T}}$ 中的元素在 $\operatorname{tr}\left(\boldsymbol{\varphi}_n^{\mathrm{T}} \tilde{\boldsymbol{w}}_n \tilde{\boldsymbol{w}}_n^{\mathrm{T}} \boldsymbol{\varphi}_n\right)$ 中仅影响 N 项中的一两项，则当 N 较大时，相比于变量 $\boldsymbol{\varphi}_n \boldsymbol{\varphi}_n^{\mathrm{T}}$，变量 $\operatorname{tr}\left(\boldsymbol{\varphi}_n^{\mathrm{T}} \tilde{\boldsymbol{w}}_n \tilde{\boldsymbol{w}}_n^{\mathrm{T}} \boldsymbol{\varphi}_n\right)$ 变化比较缓慢。所以，当 N 值比较大时，可以假设随机变量 $\boldsymbol{\varphi}_n \boldsymbol{\varphi}_n^{\mathrm{T}}$ 与随机变量 $\operatorname{tr}\left(\boldsymbol{\varphi}_n^{\mathrm{T}} \tilde{\boldsymbol{w}}_n \tilde{\boldsymbol{w}}_n^{\mathrm{T}} \boldsymbol{\varphi}_n\right)$ 是弱相关的。因此，可得

$$
\begin{aligned}
E\left[\operatorname{tr}\left(\boldsymbol{\varphi}_n^{\mathrm{T}} \tilde{\boldsymbol{w}}_n \tilde{\boldsymbol{w}}_n^{\mathrm{T}} \boldsymbol{\varphi}_n\right) \boldsymbol{\varphi}_n \boldsymbol{\varphi}_n^{\mathrm{T}}\right] &\approx \frac{F}{N} E\left[\operatorname{tr}\left(\boldsymbol{\varphi}_n^{\mathrm{T}} \tilde{\boldsymbol{w}}_n \tilde{\boldsymbol{w}}_n^{\mathrm{T}} \boldsymbol{\varphi}_n\right)\right] E\left[\boldsymbol{\varphi}_n \boldsymbol{\varphi}_n^{\mathrm{T}}\right] \\
&= \frac{F}{N} E\left[\operatorname{tr}\left(\boldsymbol{\varphi}_n \boldsymbol{\varphi}_n^{\mathrm{T}} \tilde{\boldsymbol{w}}_n \tilde{\boldsymbol{w}}_n^{\mathrm{T}}\right)\right] E\left[\boldsymbol{\varphi}_n \boldsymbol{\varphi}_n^{\mathrm{T}}\right] \\
&= \frac{F}{N} \operatorname{tr}\left(E\left[\boldsymbol{\varphi}_n \boldsymbol{\varphi}_n^{\mathrm{T}} \tilde{\boldsymbol{w}}_n \tilde{\boldsymbol{w}}_n^{\mathrm{T}}\right]\right) E\left[\boldsymbol{\varphi}_n \boldsymbol{\varphi}_n^{\mathrm{T}}\right] \\
&= \frac{F}{N} \operatorname{tr}\left(\operatorname{cov}(\tilde{\boldsymbol{w}}_n) \boldsymbol{V} \boldsymbol{\Lambda} \boldsymbol{V}^{\mathrm{T}}\right) \boldsymbol{V} \boldsymbol{\Lambda} \boldsymbol{V}^{\mathrm{T}}
\end{aligned}
$$

$$=\frac{F}{N}\operatorname{tr}\left(\boldsymbol{V}^{\mathrm{T}}\operatorname{cov}(\tilde{\boldsymbol{w}}_n)\boldsymbol{V}\boldsymbol{\Lambda}\right)\boldsymbol{V}\boldsymbol{\Lambda}\boldsymbol{V}^{\mathrm{T}} \tag{5-25}$$

从式（5-18），可得变量$\left(\boldsymbol{\varphi}_n^{\mathrm{T}}\boldsymbol{\varphi}_n\right)^2$的期望值

$$E\left[\left(\boldsymbol{\varphi}_n^{\mathrm{T}}\boldsymbol{\varphi}_n\right)^2\right]=\frac{1}{N^2}\left(\sum_{i=1}^{N}\lambda_i\right)^2\left(F^2+2F\right) \tag{5-26}$$

假设式（5-24）中的分子分母通过它们的平均值近似得到。因此，由式（5-25）和式（5-26），式（5-24）可重写为

$$\mu^2E\left[\frac{\boldsymbol{\varphi}_n\boldsymbol{\varphi}_n^{\mathrm{T}}}{\boldsymbol{\varphi}_n^{\mathrm{T}}\boldsymbol{\varphi}_n}\tilde{\boldsymbol{w}}_n\tilde{\boldsymbol{w}}_n^{\mathrm{T}}\frac{\boldsymbol{\varphi}_n\boldsymbol{\varphi}_n^{\mathrm{T}}}{\boldsymbol{\varphi}_n^{\mathrm{T}}\boldsymbol{\varphi}_n}\right]\approx\mu^2\frac{N\operatorname{tr}\left(\boldsymbol{V}^{\mathrm{T}}\operatorname{cov}(\tilde{\boldsymbol{w}}_n)\boldsymbol{V}\boldsymbol{\Lambda}\right)\boldsymbol{V}\boldsymbol{\Lambda}\boldsymbol{V}^{\mathrm{T}}}{\left(\sum_{i=1}^{N}\lambda_i\right)^2(F+2)} \tag{5-27}$$

由于系统测量噪声是零均值白噪声，输入信号的方向向量$\boldsymbol{\varphi}_n$和ϑ_n相互独立。同时，由于变量$\boldsymbol{\varphi}_n\boldsymbol{\varphi}_n^{\mathrm{T}}$中的元素仅影响变量$\left(\boldsymbol{\varphi}_n^{\mathrm{T}}\boldsymbol{\varphi}_n\right)^2$的$N$项中的一两项，则当$N$比较大时，相比于变量$\boldsymbol{\varphi}_n\boldsymbol{\varphi}_n^{\mathrm{T}}$，变量$\left(\boldsymbol{\varphi}_n^{\mathrm{T}}\boldsymbol{\varphi}_n\right)^2$变化比较慢。所以，当$N$比较大时，可以假设随机变量$\boldsymbol{\varphi}_n\boldsymbol{\varphi}_n^{\mathrm{T}}$和$\left(\boldsymbol{\varphi}_n^{\mathrm{T}}\boldsymbol{\varphi}_n\right)^2$相互独立。因此，式（5-21）中最后一项期望值可以近似为

$$\mu^2E\left[\frac{\boldsymbol{\varphi}_n\vartheta_n}{\boldsymbol{\varphi}_n^{\mathrm{T}}\boldsymbol{\varphi}_n}\frac{\vartheta_n\boldsymbol{\varphi}_n^{\mathrm{T}}}{\boldsymbol{\varphi}_n^{\mathrm{T}}\boldsymbol{\varphi}_n}\right]\approx\mu^2E\left[\vartheta_n^2\right]\frac{N^2}{\left(\sum_{i=1}^{N}\lambda_i\right)^2(F-2)(F-4)}\boldsymbol{V}\boldsymbol{\Lambda}\boldsymbol{V}^{\mathrm{T}} \tag{5-28}$$

由于系统测量噪声是零均值白噪声信号，所以可得

$$E\left[\vartheta_n^2\right]=\left(1+E\left[\hat{\boldsymbol{\alpha}}_n^{\mathrm{T}}\hat{\boldsymbol{\alpha}}_n\right]\right)\sigma_\varepsilon^2 \tag{5-29}$$

根据式（5-29），式（5-28）重写为

$$\mu^2E\left[\frac{\boldsymbol{\varphi}_n\vartheta_n}{\boldsymbol{\varphi}_n^{\mathrm{T}}\boldsymbol{\varphi}_n}\frac{\vartheta_n\boldsymbol{\varphi}_n^{\mathrm{T}}}{\boldsymbol{\varphi}_n^{\mathrm{T}}\boldsymbol{\varphi}_n}\right]\approx\mu^2\left(1+E\left[\hat{\boldsymbol{\alpha}}_n^{\mathrm{T}}\hat{\boldsymbol{\alpha}}_n\right]\right)\frac{N^2\sigma_\varepsilon^2}{\left(\sum_{i=1}^{N}\lambda_i\right)^2(F-2)(F-4)}\boldsymbol{V}\boldsymbol{\Lambda}\boldsymbol{V}^{\mathrm{T}} \tag{5-30}$$

定义变换矩阵$\boldsymbol{V}^{\mathrm{T}}\operatorname{cov}(\tilde{\boldsymbol{v}}_n)\boldsymbol{V}$的对角元素为$\tilde{\lambda}_{n,k}$，$k$=1,2,⋯,$N$，即

$$\tilde{\lambda}_{n,k}=\left[\boldsymbol{V}^{\mathrm{T}}\operatorname{cov}(\tilde{\boldsymbol{w}}_n)\boldsymbol{V}\right]_{kk} \tag{5-31}$$

基于（5-31）的定义，利用上面推导出来的结果，式（5-21）的迭代方程可以重新写为

$$\tilde{\lambda}_{n+1,k}=\left(1-2\mu N\frac{\lambda_k}{(F-2)\sum_{i=1}^{N}\lambda_i}\right)\tilde{\lambda}_{n,k}+\frac{\mu^2 N\lambda_k\sum_{i=1}^{N}\tilde{\lambda}_{n,i}\lambda_i}{\left(\sum_{i=1}^{N}\lambda_i\right)^2(F+2)}+\frac{\mu^2\left(1+E\left[\hat{\boldsymbol{\alpha}}_n^{\mathrm{T}}\hat{\boldsymbol{\alpha}}_n\right]\right)N^2\sigma_\varepsilon^2\lambda_k}{\left(\sum_{i=1}^{N}\lambda_i\right)^2(F-2)(F-4)} \tag{5-32}$$

基于式（5-10a），AP-DE 算法在迭代方向的均方误差可重写为

$$\begin{aligned}\xi_n&=E\left[\left(\tilde{\boldsymbol{w}}_n^{\mathrm{T}}\boldsymbol{\varphi}_n+\vartheta_n\right)\left(\boldsymbol{\varphi}_n^{\mathrm{T}}\tilde{\boldsymbol{w}}_n+\vartheta\right)\right]\\&=E\left[\tilde{\boldsymbol{w}}_n^{\mathrm{T}}\boldsymbol{\varphi}_n\boldsymbol{\varphi}_n^{\mathrm{T}}\tilde{\boldsymbol{w}}_n\right]+E\left[\vartheta_n^2\right]+2E\left[\tilde{\boldsymbol{w}}_n^{\mathrm{T}}\boldsymbol{\varphi}_n\vartheta_n\right]\\&=\mathrm{tr}\left(E\left[\tilde{\boldsymbol{w}}_n\tilde{\boldsymbol{w}}_n^{\mathrm{T}}\right]E\left[\boldsymbol{\varphi}_n\boldsymbol{\varphi}_n^{\mathrm{T}}\right]\right)+E\left[\vartheta_n^2\right]+2E\left[\tilde{\boldsymbol{w}}_n^{\mathrm{T}}\boldsymbol{\varphi}_n\vartheta_n\right]\end{aligned} \tag{5-33}$$

由于系统测量噪声 ε_n 是零均值白噪声，即与输入信号 x_n 不相关。因此，其与输入信号的方向向量 $\boldsymbol{\varphi}_n$ 也不相关。在假设 A2 条件下，从式（5-10a）可以得到式（5-33）最后一项等于 0，即 $E\left[\tilde{\boldsymbol{w}}_n^{\mathrm{T}}\boldsymbol{\varphi}_n\vartheta_n\right]=0$。根据式（5-11）和式（5-29），式（5-33）可重写为

$$\xi_n=\mathrm{tr}\left(\boldsymbol{V}^{\mathrm{T}}\mathrm{cov}(\tilde{\boldsymbol{w}}_n)\boldsymbol{V}\boldsymbol{\Lambda}\right)+\left(1+E\left[\hat{\boldsymbol{\alpha}}_n^{\mathrm{T}}\hat{\boldsymbol{\alpha}}_n\right]\right)\sigma_\varepsilon^2 \tag{5-34}$$

基于式（5-11）和式（5-31），式（5-34）可写为

$$\xi_n=\sum_{i=1}^{N}\tilde{\lambda}_{n,i}\lambda_i+\left(1+E\left[\hat{\boldsymbol{\alpha}}_n^{\mathrm{T}}\hat{\boldsymbol{\alpha}}_n\right]\right)\sigma_\varepsilon^2 \tag{5-35}$$

在式（5-35）中递归使用式（5-32），可得 AP-DE 算法在自适应滤波器迭代方向上均方误差的随机统计模型。

为了获得 AP-DE 算法的优化迭代步长，在式（5-13）左乘以输入信号的方向向量 $\boldsymbol{\varphi}_n$ 转置，可得

$$\boldsymbol{\varphi}_n^{\mathrm{T}}\tilde{\boldsymbol{w}}_{n+1}=\boldsymbol{\varphi}_n^{\mathrm{T}}\tilde{\boldsymbol{w}}_n-\mu\boldsymbol{\varphi}_n^{\mathrm{T}}\tilde{\boldsymbol{w}}_n-\mu\vartheta_n \tag{5-36}$$

假设在 n+1 时刻，输入信号的方向向量 $\boldsymbol{\varphi}_n$ 上的权值误差为 0，即：$\boldsymbol{\varphi}_n^{\mathrm{T}}\tilde{\boldsymbol{w}}_{n+1}=0$。由此，可得优化的迭代步长为

$$\mu_{n,opt}=\frac{\boldsymbol{\varphi}_n^{\mathrm{T}}\tilde{\boldsymbol{w}}_n}{\boldsymbol{\varphi}_n^{\mathrm{T}}\tilde{\boldsymbol{w}}_n+\vartheta_n}=\frac{\tilde{\boldsymbol{w}}_n^{\mathrm{T}}\boldsymbol{\varphi}_n}{\tilde{\boldsymbol{w}}_n^{\mathrm{T}}\boldsymbol{\varphi}_n+\vartheta_n} \tag{5-37}$$

由式（5-10a）和式（5-37），可得

$$\mu_{n,opt} = \frac{\hat{e}_n - \vartheta_n}{\hat{e}_n} = 1 - \frac{\vartheta_n}{\hat{e}_n} \tag{5-38}$$

式（5-38）为 AP-DE 算法的优化迭代步长，基于此优化的迭代步长，可以进一步促进自适应滤波器的收敛性能。

5.6　稳定状态误差

假设 AP-DE 算法收敛，当 $n \to \infty$ 时，可得 $\tilde{\lambda}_{\infty,k} = \tilde{\lambda}_{n+1,k} = \tilde{\lambda}_{n,k}$。因此，令 $n \to \infty$，由式（5-32），可得

$$\tilde{\lambda}_{\infty,k} = \frac{\mu(F-2)\sum_{i=1}^{N}\tilde{\lambda}_{\infty,i}\lambda_i}{2\left(\sum_{i=1}^{N}\lambda_i\right)(F+2)} + \frac{\mu\left(1+E\left[\hat{\boldsymbol{\alpha}}_n^{\mathrm{T}}\hat{\boldsymbol{\alpha}}_n\right]\right)N\sigma_\varepsilon^2}{2\left(\sum_{i=1}^{N}\lambda_i\right)(F-4)} \tag{5-39}$$

在式（5-39）两边同时乘以 $\lambda_k(1 \leqslant k \leqslant N)$，整理可得

$$\sum_{i=1}^{N}\tilde{\lambda}_{\infty,i}\lambda_i = \frac{\mu(F-2)\sum_{i=1}^{N}\tilde{\lambda}_{\infty,i}\lambda_i}{2(F+2)} + \frac{\mu\left(1+E\left[\hat{\boldsymbol{\alpha}}_n^{\mathrm{T}}\hat{\boldsymbol{\alpha}}_n\right]\right)N\sigma_\varepsilon^2}{2(F-4)} \tag{5-40}$$

由式（5-40），可得

$$\sum_{i=1}^{N}\tilde{\lambda}_{\infty,i}\lambda_i = \frac{\mu N(F+2)}{(F-4)\left[2(F+2)-\mu(F-2)\right]}\left(1+E\left[\hat{\boldsymbol{\alpha}}_n^{\mathrm{T}}\hat{\boldsymbol{\alpha}}_n\right]\right)\sigma_\varepsilon^2 \tag{5-41}$$

根据式（5-35）和式（5-41），可得自适应滤波器迭代方向上稳态均方误差的表达式为

$$\xi_\infty = \frac{\mu N(F+2)\left(1+E\left[\hat{\boldsymbol{\alpha}}_n^{\mathrm{T}}\hat{\boldsymbol{\alpha}}_n\right]\right)\sigma_\varepsilon^2}{(F-4)\left[2(F+2)-\mu(F-2)\right]} + \left(1+E\left[\hat{\boldsymbol{\alpha}}_n^{\mathrm{T}}\hat{\boldsymbol{\alpha}}_n\right]\right)\sigma_\varepsilon^2 \tag{5-42}$$

如果 $m \ll M$，且 $4 \ll F$ 时，AP-DE 算法在迭代方向上的稳态均方误差可表示为

$$\xi_\infty = \frac{2}{2-\mu}\left(1+E\left[\hat{\boldsymbol{\alpha}}_n^{\mathrm{T}}\hat{\boldsymbol{\alpha}}_n\right]\right)\sigma_\varepsilon^2 \tag{5-43}$$

需要注意的是当参数迭代步长 μ 减小时，式（5-43）也会减小。当参数迭代步长 μ 接近于 0，自适应滤波器在迭代方向上稳定状态的均方误差变为 $\xi_\infty = \left(1+E\left[\hat{\boldsymbol{\alpha}}_n^{\mathrm{T}}\hat{\boldsymbol{\alpha}}_n\right]\right)\sigma_\varepsilon^2$。由式（5-43），可知迭代步长需要满足关系 $\mu < 2$。式（5-20）、

式（5-32）、式（5-35）和式（5-42）构成了 AP-DE 算法的随机统计收敛性能的一般模型。

5.7　系统辨识模型仿真分析

本节把 AP-DE 算法迭代方向上的均方误差学习曲线与由式(5-32)、式(5-35)给出的理论统计分析结果相比较，式（5-42）给出了迭代方向上的稳定状态误差的表达式。仿真时权值初始值为 $\boldsymbol{w}_0 = 0$，仿真结果是通过对 100 个相互独立的仿真求平均值而得，辨识系统的阶次为 32。实际系统的权值向量 $\boldsymbol{w}^0$ 使用最大熵来表示，即沿着输入信号的方向向量自相关矩阵 $\boldsymbol{R}_\varphi$ 的所有特征向量具有相同大小的分量，即

$$\boldsymbol{w}^0 = \boldsymbol{V}\mathbf{1} \tag{5-44}$$

其中 $\mathbf{1} = [1, 1, \cdots, 1]^{\mathrm{T}}$。

示例 1　输入信号是 AR(1)模型，表达式为 $x_n = -0.95x_{n-1} + z_n$，其中 z_n 是零均值高斯白噪声。在没有系统测量噪声的条件下，参数 m 与迭代步长 μ 分别为 1 和 0.5，图 5-2 给出了 AP-DE 算法迭代方向上的仿真结果和理论分析结果的比较。从图 5-2 中，我们发现在此条件下，AP-DE 算法理论分析的随机统计模型与仿真结果是一致的。

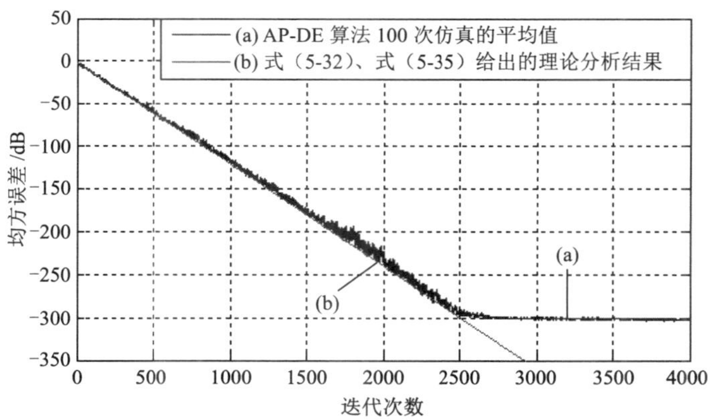

图 5-2　在没有系统测量噪声，输入信号为 AR(1)模型的条件下，AP-DE 算法在系统辨识模型中仿真与理论分析学习曲线的比较

示例 2　输入信号与示例 1 相同，但信噪比为 60dB，参数 $m = 1$，迭代步长 $\mu = 0.1$，仿真结果与理论分析的随机统计模型如图 5-3 所示。从图 5-3 中可以看

出，在自适应滤波器迭代方向上的 AP-DE 算法仿真结果与理论分析的随机统计模型相符，建立的统计模型可以较好地工作。

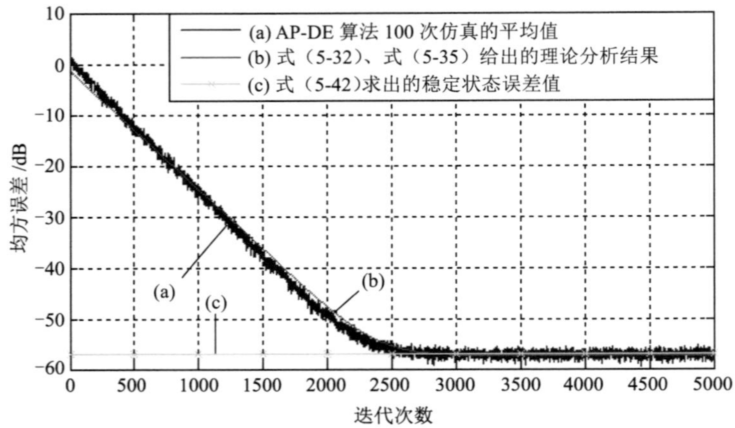

图 5-3　在有系统测量噪声，输入信号为 AR(1)模型的条件下，AP-DE 算法在系统辨识模型中仿真与理论分析学习曲线的比较

示例 3　输入信号为 AR(2)模型，表达式为 $x_n = 0.95x_{n-1} - 0.95x_{n-2} + z_n$，假定系统测量噪声不存在，参数 m 设为 2，迭代步长 $\mu = 0.5$。图 5-4 给出了仿真与理论统计模型的分析结果。从图 5-4 中可知，本章所建立的随机统计模型可以很好地跟踪上仿真的结果。

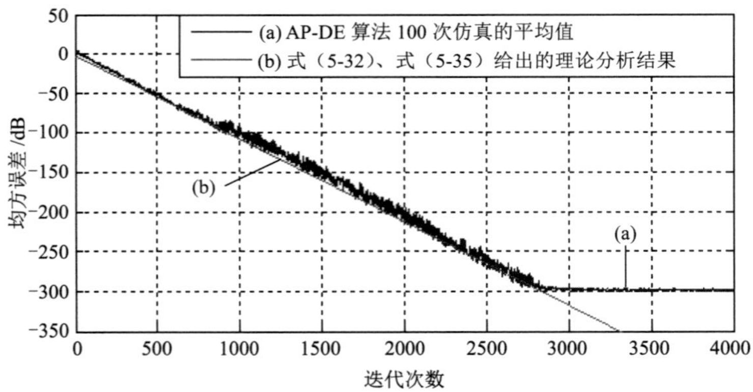

图 5-4　在没有系统测量噪声，输入信号为 AR(2)模型的条件下，AP-DE 算法在系统辨识模型中仿真与理论分析学习曲线的比较

示例 4　输入信号与示例 3 相同，但是信噪比设为 60dB，参数 $m = 2$，迭代

步长 $\mu = 0.1$。图 5-5 给出了 AP-DE 算法迭代方向上的学习曲线和理论随机统计模型的分析结果。从中可以看出，理论分析的统计模型与 AP-DE 算法仿真结果十分接近，其能够较好地工作。

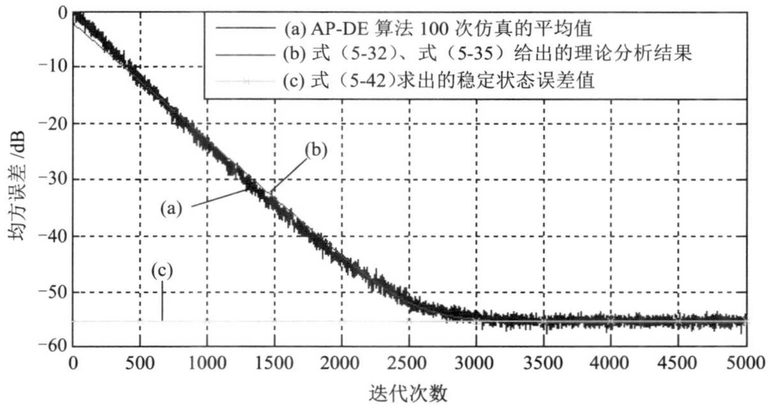

图 5-5　在有系统测量噪声，输入信号为 AR(2)模型的条件下，AP-DE 算法在系统辨识模型中仿真与理论分析学习曲线的比较

注意在示例 2 与示例 4 中，AP-DE 算法都不再收敛于−60dB，这是由于输出的是估计的迭代误差，而不是估计输出误差。如果在 AP-DE 算法的仿真中，使用估计输出误差，AP-DE 算法将收敛于−60dB。但是为了简化计算式（5-33），在分析过程中使用了迭代误差。

5.8　信道均衡模型

自适应横向均衡器的结构主要由两个参数确定：输入的抽头数量 N 和信号延迟 $\varDelta$，其中延迟因子 $\varDelta$ 必须小于 N。系统的输入主要有三个信号：传输的信号 x_n，干扰信号 i_n，以及附加的白噪声信号 v_n，这三种信号构成整体的输入信号 u_n，即 $u_n = x_n + i_n + v_n$。

自适应均衡器的输入向量为 $\boldsymbol{u}_n = \left[u_n, u_{n-1}, \cdots, u_{n-N+1}\right]^{\mathrm{T}}$，可调的权重向量为 $\boldsymbol{w}_n = \left[w_{0,n}, w_{1,n}, \cdots, w_{N-1,n}\right]^{\mathrm{T}}$。因此，均衡器输出信号 y_n 可以表示为

$$y_n = \boldsymbol{w}_n^{\mathrm{T}} \boldsymbol{u}_n \tag{5-45}$$

在信道均衡中，理想信号 d_n 为 $x_{n-\varDelta}$，若用 $\boldsymbol{w}^0$ 表示均衡过程中的理想权值，那么 $\boldsymbol{w}^0$ 在延迟 $\varDelta$ 处元素为 1，其余为 0。因此，d_n 的表达式可以表示为

$$d_n = \boldsymbol{w}^{0\mathrm{T}} \boldsymbol{x}_n \quad (5\text{-}46)$$

输入信号方向向量$\boldsymbol{\varphi}_n^1$的表达式为

$$\boldsymbol{\varphi}_n^1 = \boldsymbol{u}_n - \boldsymbol{U}_n \left[\boldsymbol{U}_n^{\mathrm{T}} \boldsymbol{U}_n \right]^{-1} \boldsymbol{U}_n^{\mathrm{T}} \boldsymbol{u}_n \quad (5\text{-}47)$$

权值更新方程为

$$\boldsymbol{w}_{n+1} = \boldsymbol{w}_n + \mu \frac{\hat{e}_n}{\boldsymbol{\varphi}_n^{1\mathrm{T}} \boldsymbol{\varphi}_n^1} \boldsymbol{\varphi}_n^1 \quad (5\text{-}48)$$

根据 AP-DE 算法的定义，将$\boldsymbol{\varphi}_n^1$代入式（5-7a）中，得到

$$\hat{e}_n = d_n - \sum_{i=1}^{m} \hat{a}_{n,i} d_{n-i} - \boldsymbol{w}_n^{\mathrm{T}} \boldsymbol{\varphi}_n^1 \quad (5\text{-}49)$$

将式（5-46）代入式（5-49），可得

$$\hat{e}_n = \boldsymbol{w}^{0\mathrm{T}} \boldsymbol{x}_n - \sum_{i=1}^{m} \hat{a}_{n,i} \boldsymbol{w}^{0\mathrm{T}} \boldsymbol{x}_{n-i} - \boldsymbol{w}_n^{\mathrm{T}} \boldsymbol{\varphi}_n^1 \quad (5\text{-}50)$$

将式（5-3d）代入式（5-50），可得

$$\hat{e}_n = \boldsymbol{w}^{0\mathrm{T}} \boldsymbol{\varphi}_n - \boldsymbol{w}_n^{\mathrm{T}} \boldsymbol{\varphi}_n^1 \quad (5\text{-}51)$$

式（5-3d）、式（5-47）、式（5-48）和式（5-51）构成了 AP-DE 算法在信道均衡模型中的更新迭代方程。

5.9　信道均衡模型仿真分析

本节对 AP-DE 算法在信道均衡模型应用中进行了分析，仿真通过对 100 个独立实验求平均值而得，延迟因子Δ取值为抽头数量的一半，即延迟参数$\Delta=16$，迭代步长μ取值为 1。

示例 5　输入信号为$x_n = 0.95x_{n-1} - 0.95x_{n-2} + \xi_n$，$\xi_n$为高斯白噪声信号。$v_n$为加性高斯白噪声信号，信噪比设为 40dB，干扰信号i_n设置为零，参数m取值为 2。

示例 6　输入信号为$x_n = 0.95x_{n-1} - 0.95x_{n-2} + \xi_n$，$v_n$为加性白噪声信号，信噪比设为 40dB，干扰信号$i_n$为正弦信号，信干比为 40dB，$m$取值为 2。从图 5-6 中可以看出，AP-DE 算法具有一定的抑制非平稳干扰能力。

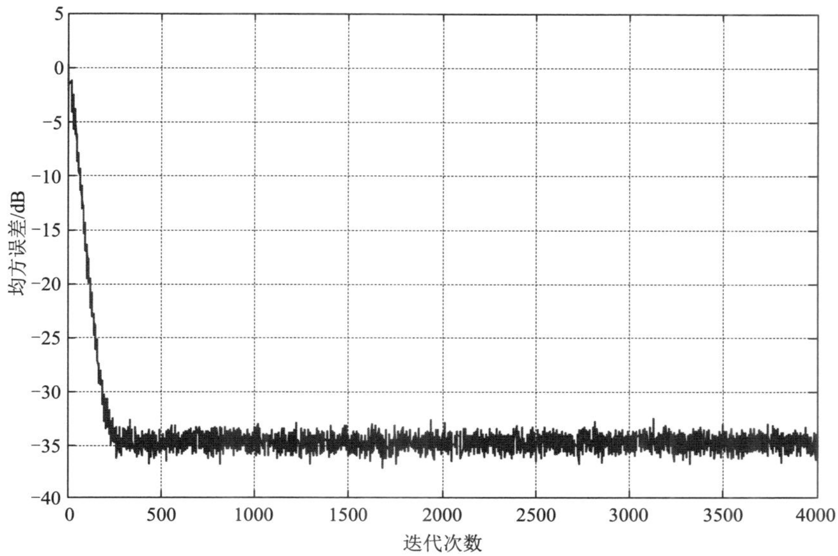

图 5-6　在有干扰信号，输入信号为 AR(2)模型的条件下，AP-DE 算法在信道均衡模型中的学习曲线

5.10　本 章 小 结

输入信号的方向向量 $\boldsymbol{\varphi}_n$ 是估计当前输入向量的误差向量。输入信号的方向向量与最近过去的 m 个输入向量正交，相比较于 NLMS 算法，这是 PAPA 算法收敛速度快的主要原因，特别是对于高度自相关的输入信号。然而，PAPA 算法的迭代误差是由输入向量 $\boldsymbol{x}_n$ 引起的，而自适应滤波器的迭代方向是输入信号的方向向量 $\boldsymbol{\varphi}_n$，这二者的方向不一致，在一定程度上阻碍了自适应滤波器的快速收敛。针对此问题，本章提出了一种 AP-DE 算法，其迭代误差的引起方向与迭代方向完全相同。在无系统测量噪声的条件下，AP-DE 算法的迭代误差是由输入信号的方向向量 $\boldsymbol{\varphi}_n$ 引起的，这也是自适应滤波器的迭代方向。接着分析了迭代方向上的平均权值误差和均方权值误差的收敛性随机统计模型，建立了 AP-DE 算法迭代方向上的稳定状态均方误差，并建立了 AP-DE 算法优化的迭代步长。仿真结果表明本章所建立的理论分析模型与 AP-DE 算法仿真结果是一致的。最后，本章将 AP-DE 算法应用到了信道均衡模型中，并给出了仿真的结果，说明了该方法具有一定抑制非平稳干扰能力。

第 6 章　基于直接迭代误差的 APA 算法跟踪性

APA 算法由 Ozeki 和 Umeda 提出，它通过利用多个输入信号向量来提高收敛速度[2]。Sankaran 和 Beex 提出了一种 NLMS-OCF 算法，在延迟因子等于 1 时，其与 APA 算法具有完全相同的输入输出特性[46]。Bouteille 和 Scalart 建立了一种 PAPA 算法，它是 APA 算法的一种简化形式[74]。但是，这些算法的迭代方向与迭代误差的引起方向不一致，在一定程度上阻碍了自适应滤波器的收敛性和跟踪性。针对此问题，本书第 5 章提出了一种基于直接迭代误差的 AP（AP algorithm with direction error，AP-DE）算法，其迭代方向与迭代误差的引起方向完全一致。现在已经做了一些工作来分析 APA 算法的收敛性和跟踪性。基于输入信号独立同分布的假设，文献[47]、[48]给出了一种 NLMS-OCF 算法的定量分析。在 AR 模型基础上，文献[43]～[45]给出了一种 APA 算法收敛性的随机统计模型，分析了权值误差和权值均方误差收敛性的随机统计模型。

在本章中，对输入向量和输入信号的方向向量进行了假定，在此基础上，分析了 AP-DE 算法跟踪性的随机统计模型。最后，仿真结果验证了所提出的跟踪性随机统计模型。

6.1　AP-DE 算法

在自适应滤波器的系统辨识模型中，输入信号转换为输入向量 $\boldsymbol{x}_n$，并定义为

$$\boldsymbol{x}_n = \left[x_n, x_{n-1}, \cdots, x_{n-N+1}\right]^{\mathrm{T}} \tag{6-1}$$

基于最近 m 个输入向量，定义输入矩阵 $\boldsymbol{X}_{n-1,m}$ 为

$$\boldsymbol{X}_{n-1,m} = \left[\boldsymbol{x}_{n-1}, \boldsymbol{x}_{n-2}, \cdots, \boldsymbol{x}_{n-m}\right] \tag{6-2}$$

自适应滤波器实现 AP-DE 算法权重向量更新的方程为

$$e_n = d_n - \sum_{k=1}^{m} \hat{a}_{n,k} d_{n-k} - \boldsymbol{w}_n^{\mathrm{H}} \boldsymbol{\varphi}_n \tag{6-3a}$$

$$\boldsymbol{w}_{n+1} = \boldsymbol{w}_n + \mu \frac{e_n^*}{\boldsymbol{\varphi}_n^{\mathrm{H}} \boldsymbol{\varphi}_n} \boldsymbol{\varphi}_n \tag{6-3b}$$

其中 H 表示矩阵或向量的 Hermitian 转换，输入信号的方向向量 $\boldsymbol{\varphi}_n$ 由式（6-3c）

计算而得

$$\boldsymbol{\varphi}_n = \boldsymbol{x}_n - \boldsymbol{X}_{n-1,m}\hat{\boldsymbol{\alpha}}_n \tag{6-3c}$$

基于最小二乘法，可得 $\hat{\boldsymbol{\alpha}}_n = \left[\hat{a}_{n,1}, \hat{a}_{n,2}, \cdots, \hat{a}_{n,m}\right]^{\mathrm{T}}$ 为

$$\hat{\boldsymbol{\alpha}}_n = \left(\boldsymbol{X}_{n-1,m}^{\mathrm{H}}\boldsymbol{X}_{n-1,m}\right)^{-1}\boldsymbol{X}_{n-1,m}^{\mathrm{H}}\boldsymbol{x}_n \tag{6-3d}$$

6.2　输入向量和方向向量的统计特性

为了便于更好地分析 AP-DE 算法跟踪性的统计模型，本章首先给出了下面的假设：

假设 A1　输入向量 $\boldsymbol{x}_n$ 是零均值、独立同分布（i.i.d）的变量，其协方差矩阵[47]为

$$\boldsymbol{R} = E\left[\boldsymbol{x}_n\boldsymbol{x}_n^{\mathrm{H}}\right] = \boldsymbol{V}\boldsymbol{\Lambda}\boldsymbol{V}^{\mathrm{H}} \tag{6-4}$$

其中 $\boldsymbol{\Lambda} = \mathrm{diag}\left[\lambda_1, \lambda_2, \cdots, \lambda_N\right]$，$\boldsymbol{V} = \left[\boldsymbol{v}_1, \boldsymbol{v}_2, \cdots, \boldsymbol{v}_N\right]$。$\lambda_1, \lambda_2, \cdots, \lambda_N$ 是 $\boldsymbol{R}$ 的特征值，$\boldsymbol{v}_1, \boldsymbol{v}_2, \cdots, \boldsymbol{v}_N$ 是对应的特征向量，也就是 $\boldsymbol{V}^{\mathrm{H}}\boldsymbol{V} = \boldsymbol{I}$。$\boldsymbol{V}$ 是一个酉矩阵。

假设 A2　输入向量 $\boldsymbol{x}_n$ 由三个独立同分布的随机变量的乘积构成[47]，即

$$\boldsymbol{x}_n = s_n r_n \boldsymbol{v}_n \tag{6-5}$$

$$\begin{cases} P\left(s_n = \pm 1\right) = \dfrac{1}{2} \\ r_n \sim \left\|\boldsymbol{x}_n\right\| \\ P\left(\boldsymbol{v}_n = \boldsymbol{v}_i\right) = \dfrac{\lambda_i}{\mathrm{tr}\left(\boldsymbol{R}\right)};\ 1 \leqslant i \leqslant N \end{cases} \tag{6-6}$$

式中，$r_n \sim \left\|\boldsymbol{x}_n\right\|$ 表示 r_n 与输入向量的范数具有相同的分布；$\mathrm{tr}(\cdot)$ 用来表示矩阵的迹。

假设 A3　输入信号的方向向量 $\boldsymbol{\varphi}_n$ 与权重向量 $\boldsymbol{w}_n$ 相互独立，且输入信号的方向向量 $\boldsymbol{\varphi}_n$ 中单个元素是具有零均值方差 σ_{φ}^2 的高斯随机向量。输入信号的方向向量也是由三个独立同分布的随机变量的乘积构成[47]。即

$$\boldsymbol{\varphi}_n = \hat{s}_n \hat{r}_n \hat{\boldsymbol{v}}_n \tag{6-7}$$

$$\begin{cases} P\left(\hat{s}_n = \pm 1\right) = \dfrac{1}{2} \\ \hat{r}_n \sim \left\|\boldsymbol{\varphi}_n\right\| \\ P\left(\hat{\boldsymbol{v}}_n = \boldsymbol{v}_i\right) = \dfrac{1}{N};\ 1 \leqslant i \leqslant N \end{cases} \tag{6-8}$$

式中，$r_n \sim \|\boldsymbol{\varphi}_n\|$ 表示 r_n 与输入信号的方向向量的范数具有相同的分布，并且 $\hat{r}^2 = N\sigma_{\varphi}^2$。

假设 A4 期望的系统输出信号为

$$d_n = \boldsymbol{w}_n^{o\mathrm{H}} \boldsymbol{x}_n + \varepsilon_n \tag{6-9}$$

式中，测量噪声 ε_n 是均值为零、方差为 σ_{ε}^2 的白噪声；$\boldsymbol{w}_n^o$ 是时变参数，由随机模型构建

$$\boldsymbol{w}_n^o = \boldsymbol{w}_{n-1}^o + \boldsymbol{\omega}_{n-1} \tag{6-10}$$

式中，$\boldsymbol{\omega}_{n-1}$ 是一个具有零均值方差 σ_{ω}^2 的平稳随机向量。同时，也是三个独立同分布随机变量的乘积。即

$$\boldsymbol{\omega}_n = \tilde{s}_n \tilde{r}_n \tilde{\boldsymbol{v}}_n \tag{6-11}$$

$$\begin{cases} P(\tilde{s}_n = \pm 1) = \dfrac{1}{2} \\ \tilde{r}_n \sim \|\boldsymbol{\omega}_n\| \\ P(\tilde{\boldsymbol{v}}_n = \boldsymbol{v}_i) = \dfrac{1}{N};\ 1 \leqslant i \leqslant N \end{cases} \tag{6-12}$$

式中，$\tilde{r}_n \sim \|\boldsymbol{\omega}_n\|$ 表示 $\tilde{r}_n$ 与 $\boldsymbol{\omega}_n$ 的范数具有相同的分布。同时，$\tilde{r}^2 = N\sigma_{\omega}^2$。

因此，由式（6-3a）和式（6-9），可以将 AP-DE 算法的迭代误差 e_n 重写为

$$e_n = \boldsymbol{w}_n^{o\mathrm{H}} \boldsymbol{x}_n - \sum_{k=1}^{m} \hat{a}_{n,k} \boldsymbol{w}_{n-k}^{o\mathrm{H}} \boldsymbol{x}_{n-k} - \boldsymbol{w}_n^{\mathrm{H}} \boldsymbol{\varphi}_n + \varepsilon_n - \sum_{k=1}^{m} \hat{a}_{n,k} \varepsilon_{n-k} \tag{6-13}$$

根据式（6-10）和式（6-13），可得

$$\begin{aligned} e_n = {} & \boldsymbol{w}_n^{o\mathrm{H}} \boldsymbol{x}_n - \sum_{k=1}^{m} \hat{a}_{n,k} \boldsymbol{w}_n^{o\mathrm{H}} \boldsymbol{x}_{n-k} + \sum_{k=1}^{m} \hat{a}_{n,k} \left(\sum_{j=1}^{k} \boldsymbol{\omega}_{n-j}^{\mathrm{H}} \right) \boldsymbol{x}_{n-k} \\ & - \boldsymbol{w}_n^{\mathrm{H}} \boldsymbol{\varphi}_n + \varepsilon_n - \sum_{k=1}^{m} \hat{a}_{n,k} \varepsilon_{n-k} \end{aligned} \tag{6-14}$$

根据式（6-3c）和式（6-14），可得

$$e_n = \tilde{\boldsymbol{w}}_n^{\mathrm{H}} \boldsymbol{\varphi}_n + \sum_{k=1}^{m} \hat{a}_{n,k} \left(\sum_{j=1}^{k} \boldsymbol{\omega}_{n-j}^{\mathrm{H}} \right) \boldsymbol{x}_{n-k} + \varepsilon_n - \sum_{k=1}^{m} \hat{a}_{n,k} \varepsilon_{n-k} \tag{6-15}$$

其中

$$\tilde{\boldsymbol{w}}_n = \boldsymbol{w}_n^o - \boldsymbol{w}_n \tag{6-16}$$

6.3 权重误差

为了分析式（6-3b）的跟踪特性，基于式（6-15），可得

$$\boldsymbol{w}_{n+1}=\boldsymbol{w}_n+\mu\frac{\boldsymbol{\varphi}_n\boldsymbol{\varphi}_n^{\mathrm{H}}}{\boldsymbol{\varphi}_n^{\mathrm{H}}\boldsymbol{\varphi}_n}\tilde{\boldsymbol{w}}_n+\mu\frac{\boldsymbol{\varphi}_n}{\boldsymbol{\varphi}_n^{\mathrm{H}}\boldsymbol{\varphi}_n}\sum_{k=1}^{m}\hat{a}_{n,k}^*\boldsymbol{x}_{n-k}^{\mathrm{H}}\left(\sum_{j=1}^{k}\boldsymbol{\omega}_{n-j}\right)+\mu\frac{\boldsymbol{\varphi}_n}{\boldsymbol{\varphi}_n^{\mathrm{H}}\boldsymbol{\varphi}_n}\left(\varepsilon_n^*-\sum_{k=1}^{m}\hat{a}_{n,k}^*\varepsilon_{n-k}^*\right) \tag{6-17}$$

结合式（6-10）、式（6-16）和式（6-17），可得

$$\begin{aligned}\tilde{\boldsymbol{w}}_{n+1}=&\left(\boldsymbol{I}-\mu\frac{\boldsymbol{\varphi}_n\boldsymbol{\varphi}_n^{\mathrm{H}}}{\boldsymbol{\varphi}_n^{\mathrm{H}}\boldsymbol{\varphi}_n}\right)\tilde{\boldsymbol{w}}_n-\mu\frac{\boldsymbol{\varphi}_n}{\boldsymbol{\varphi}_n^{\mathrm{H}}\boldsymbol{\varphi}_n}\sum_{k=1}^{m}\hat{a}_{n,k}^*\boldsymbol{x}_{n-k}^{\mathrm{H}}\left(\sum_{j=1}^{k}\boldsymbol{\omega}_{n-j}\right)\\&-\mu\frac{\boldsymbol{\varphi}_n}{\boldsymbol{\varphi}_n^{\mathrm{H}}\boldsymbol{\varphi}_n}\left(\varepsilon_n^*-\sum_{k=1}^{m}\hat{a}_{n,k}^*\varepsilon_{n-k}^*\right)+\boldsymbol{\omega}_n\end{aligned} \tag{6-18}$$

其中测量噪声 $\boldsymbol{\varepsilon}_n$ 和 $\boldsymbol{\omega}_n$ 是零均值白噪声，在式（6-18）的两边同时求期望，式（6-18）中的最后三项变为零，因此

$$E\left[\tilde{\boldsymbol{w}}_{n+1}\right]=E\left[\left(\boldsymbol{I}-\mu\frac{\boldsymbol{\varphi}_n\boldsymbol{\varphi}_n^{\mathrm{H}}}{\boldsymbol{\varphi}_n^{\mathrm{H}}\boldsymbol{\varphi}_n}\right)\tilde{\boldsymbol{w}}_n\right] \tag{6-19}$$

基于正交向量 $\{\boldsymbol{v}_1,\boldsymbol{v}_2,\cdots,\boldsymbol{v}_N\}$ 和 $E\left[\tilde{\boldsymbol{w}}_n\right]$，定义 $\boldsymbol{\rho}_n$ 为

$$\boldsymbol{\rho}_n\equiv\boldsymbol{V}^{\mathrm{H}}E\left[\tilde{\boldsymbol{w}}_n\right] \tag{6-20}$$

因此

$$\rho_{n,i}=\boldsymbol{v}_i^{\mathrm{H}}E\left[\tilde{\boldsymbol{w}}_n\right]=E\left[\boldsymbol{v}_i^{\mathrm{H}}\tilde{\boldsymbol{w}}_n\right] \tag{6-21}$$

根据式（6-7），在式（6-19）左乘 $\boldsymbol{v}_i^{\mathrm{H}}$，得到

$$\rho_{n+1,i}=E\left[\boldsymbol{v}_i^{\mathrm{H}}\left(\boldsymbol{I}-\mu\hat{\boldsymbol{v}}_n\hat{\boldsymbol{v}}_n^{\mathrm{H}}\right)\tilde{\boldsymbol{w}}_n\right] \tag{6-22}$$

基于向量 $\boldsymbol{v}_i$ 的正交性，可得

$$\boldsymbol{v}_i^{\mathrm{H}}\boldsymbol{v}_j\boldsymbol{v}_j^{\mathrm{H}}=\begin{cases}\boldsymbol{v}_i^{\mathrm{H}}, & i=j\\0, & i\neq j\end{cases} \tag{6-23}$$

根据式（6-23），式（6-22）变为

$$\rho_{n+1,i}=\left(1-\frac{\mu}{N}\right)\rho_{n,i} \tag{6-24}$$

式（6-24）构成了 AP-DE 算法跟踪性的权值平均误差迭代模型。

6.4　权值均方误差

基于式（6-18），在假设 A3 条件下，输入信号的方向向量$\boldsymbol{\varphi}_n$与权值向量$\boldsymbol{w}_n$相互独立，可得权重误差的协方差矩阵为

$$
\begin{aligned}
\operatorname{cov}(\tilde{\boldsymbol{w}}_{n+1}) = & E\left[\left(\boldsymbol{I}-\mu\frac{\boldsymbol{\varphi}_n\boldsymbol{\varphi}_n^{\mathrm{H}}}{\boldsymbol{\varphi}_n^{\mathrm{H}}\boldsymbol{\varphi}_n}\right)\operatorname{cov}(\tilde{\boldsymbol{w}}_n)\left(\boldsymbol{I}-\mu\frac{\boldsymbol{\varphi}_n\boldsymbol{\varphi}_n^{\mathrm{H}}}{\boldsymbol{\varphi}_n^{\mathrm{H}}\boldsymbol{\varphi}_n}\right)\right] \\
& -\mu E\left[\left(\boldsymbol{I}-\mu\frac{\boldsymbol{\varphi}_n\boldsymbol{\varphi}_n^{\mathrm{H}}}{\boldsymbol{\varphi}_n^{\mathrm{H}}\boldsymbol{\varphi}_n}\right)\tilde{\boldsymbol{w}}_n\left\{\sum_{k=1}^{m}\hat{a}_{n,k}\left(\sum_{j=1}^{k}\boldsymbol{\omega}_{n-j}^{\mathrm{H}}\right)\boldsymbol{x}_{n-k}\frac{\boldsymbol{\varphi}_n^{\mathrm{H}}}{\boldsymbol{\varphi}_n^{\mathrm{H}}\boldsymbol{\varphi}_n}\right\}\right] \\
& -\mu E\left[\left\{\frac{\boldsymbol{\varphi}_n}{\boldsymbol{\varphi}_n^{\mathrm{H}}\boldsymbol{\varphi}_n}\sum_{k=1}^{m}\hat{a}_{n,k}^{*}\boldsymbol{x}_{n-k}^{\mathrm{H}}\left(\sum_{j=1}^{k}\boldsymbol{\omega}_{n-j}\right)\right\}\tilde{\boldsymbol{w}}_n^{\mathrm{H}}\left(\boldsymbol{I}-\mu\frac{\boldsymbol{\varphi}_n\boldsymbol{\varphi}_n^{\mathrm{H}}}{\boldsymbol{\varphi}_n^{\mathrm{H}}\boldsymbol{\varphi}_n}\right)\right] \\
& -E\left[\left(\boldsymbol{I}-\mu\frac{\boldsymbol{\varphi}_n\boldsymbol{\varphi}_n^{\mathrm{H}}}{\boldsymbol{\varphi}_n^{\mathrm{H}}\boldsymbol{\varphi}_n}\right)\tilde{\boldsymbol{w}}_n\left\{\left(\varepsilon_n-\sum_{k=1}^{m}\hat{a}_{n,k}\varepsilon_{n-k}\right)\mu\frac{\boldsymbol{\varphi}_n^{\mathrm{H}}}{\boldsymbol{\varphi}_n^{\mathrm{H}}\boldsymbol{\varphi}_n}-\boldsymbol{\omega}_n^{\mathrm{H}}\right\}\right] \\
& -E\left[\left\{\left(\varepsilon_n^{*}-\sum_{k=1}^{m}\hat{a}_{n,k}^{*}\varepsilon_{n-k}^{*}\right)\mu\frac{\boldsymbol{\varphi}_n}{\boldsymbol{\varphi}_n^{\mathrm{H}}\boldsymbol{\varphi}_n}-\boldsymbol{\omega}_n\right\}\tilde{\boldsymbol{w}}_n^{\mathrm{H}}\left(\boldsymbol{I}-\mu\frac{\boldsymbol{\varphi}_n\boldsymbol{\varphi}_n^{\mathrm{H}}}{\boldsymbol{\varphi}_n^{\mathrm{H}}\boldsymbol{\varphi}_n}\right)\right] \\
& +\mu^2 E\left[\left\{\frac{\boldsymbol{\varphi}_n}{\boldsymbol{\varphi}_n^{\mathrm{H}}\boldsymbol{\varphi}_n}\sum_{k=1}^{m}\hat{a}_{n,k}^{*}\boldsymbol{x}_{n-k}^{\mathrm{H}}\left(\sum_{j=1}^{k}\boldsymbol{\omega}_{n-j}\right)\right\}\left\{\sum_{k=1}^{m}\hat{a}_{n,k}\left(\sum_{j=1}^{k}\boldsymbol{\omega}_{n-j}^{\mathrm{H}}\right)\boldsymbol{x}_{n-k}\frac{\boldsymbol{\varphi}_n^{\mathrm{H}}}{\boldsymbol{\varphi}_n^{\mathrm{H}}\boldsymbol{\varphi}_n}\right\}\right] \\
& +\mu E\left[\left\{\frac{\boldsymbol{\varphi}_n}{\boldsymbol{\varphi}_n^{\mathrm{H}}\boldsymbol{\varphi}_n}\sum_{k=1}^{m}\hat{a}_{n,k}^{*}\boldsymbol{x}_{n-k}^{\mathrm{H}}\left(\sum_{j=1}^{k}\boldsymbol{\omega}_{n-j}\right)\right\}\left\{\left(\varepsilon_n-\sum_{k=1}^{m}\hat{a}_{n,k}\varepsilon_{n-k}\right)\mu\frac{\boldsymbol{\varphi}_n^{\mathrm{H}}}{\boldsymbol{\varphi}_n^{\mathrm{H}}\boldsymbol{\varphi}_n}-\boldsymbol{\omega}_n^{\mathrm{H}}\right\}\right] \\
& +\mu E\left[\left\{\left(\varepsilon_n^{*}-\sum_{k=1}^{m}\hat{a}_{n,k}^{*}\varepsilon_{n-k}^{*}\right)\mu\frac{\boldsymbol{\varphi}_n}{\boldsymbol{\varphi}_n^{\mathrm{H}}\boldsymbol{\varphi}_n}-\boldsymbol{\omega}_n\right\}\left\{\sum_{k=1}^{m}\hat{a}_{n,k}\left(\sum_{j=1}^{k}\boldsymbol{\omega}_{n-j}^{\mathrm{H}}\right)\boldsymbol{x}_{n-k}\frac{\boldsymbol{\varphi}_n^{\mathrm{H}}}{\boldsymbol{\varphi}_n^{\mathrm{H}}\boldsymbol{\varphi}_n}\right\}\right] \\
& +E\left[\left\{\left(\varepsilon_n^{*}-\sum_{k=1}^{m}\hat{a}_{n,k}^{*}\varepsilon_{n-k}^{*}\right)\frac{\mu\boldsymbol{\varphi}_n}{\boldsymbol{\varphi}_n^{\mathrm{H}}\boldsymbol{\varphi}_n}-\boldsymbol{\omega}_n\right\}\left\{\left(\varepsilon_n-\sum_{k=1}^{m}\hat{a}_{n,k}\varepsilon_{n-k}\right)\mu\frac{\boldsymbol{\varphi}_n^{\mathrm{H}}}{\boldsymbol{\varphi}_n^{\mathrm{H}}\boldsymbol{\varphi}_n}-\boldsymbol{\omega}_n^{\mathrm{H}}\right\}\right]
\end{aligned}
\tag{6-25}
$$

由于系统测量噪声ε_n是零均值的白噪声，并且$\boldsymbol{\omega}_n$是一个平稳的、独立的零均值白噪声向量，所以第二项和第三项、第四项和第五项、第七项和第八项变为零。另外，由于输入信号的方向向量$\boldsymbol{\varphi}_n$与权值向量$\boldsymbol{w}_n$相互独立。因此，可得

$$
\begin{aligned}
\operatorname{cov}(\tilde{\boldsymbol{w}}_{n+1}) = & E\left[\left(\boldsymbol{I}-\mu\frac{\boldsymbol{\varphi}_n\boldsymbol{\varphi}_n^{\mathrm{H}}}{\boldsymbol{\varphi}_n^{\mathrm{H}}\boldsymbol{\varphi}_n}\right)\operatorname{cov}(\tilde{\boldsymbol{w}}_n)\left(\boldsymbol{I}-\mu\frac{\boldsymbol{\varphi}_n\boldsymbol{\varphi}_n^{\mathrm{H}}}{\boldsymbol{\varphi}_n^{\mathrm{H}}\boldsymbol{\varphi}_n}\right)\right] \\
& +\mu^2\operatorname{tr}\left\{\sum_{k=1}^{m}\left(E\left[\hat{a}_{n,k}\hat{a}_{n,k}^{*}\right]E\left[\boldsymbol{x}_{n-k}\boldsymbol{x}_{n-k}^{\mathrm{H}}\right]E\left[\sum_{j=1}^{k}\boldsymbol{\omega}_{n-j}\boldsymbol{\omega}_{n-j}^{\mathrm{H}}\right]\right)\right\}E\left[\frac{\boldsymbol{\varphi}_n\boldsymbol{\varphi}_n^{\mathrm{H}}}{\left(\boldsymbol{\varphi}_n^{\mathrm{H}}\boldsymbol{\varphi}_n\right)^2}\right]
\end{aligned}
$$

$$+\mu^2 E\left[\left(\varepsilon_n-\sum_{k=1}^{m}\hat{a}_{n,k}\varepsilon_{n-k}\right)^*\left(\varepsilon_n-\sum_{k=1}^{m}\hat{a}_{n,k}\varepsilon_{n-k}\right)\right]E\left[\frac{\boldsymbol{\varphi}_n\boldsymbol{\varphi}_n^{\mathrm{H}}}{\left(\boldsymbol{\varphi}_n^{\mathrm{H}}\boldsymbol{\varphi}_n\right)^2}\right]+E\left[\boldsymbol{\omega}_n\boldsymbol{\omega}_n^{\mathrm{H}}\right] \tag{6-26}$$

由于系统测量噪声 ε_n 是具有零均值和方差 σ_ε^2 的平稳、独立均匀分布信号，在假设 A2、假设 A3 和假设 A4 条件下，基于式（6-5）、式（6-7）和式（6-11），式（6-26）可写为

$$\begin{aligned}\operatorname{cov}\left(\tilde{\boldsymbol{w}}_{n+1}\right)=&E\left[\left(\boldsymbol{I}-\mu\hat{\boldsymbol{v}}_n\hat{\boldsymbol{v}}_n^{\mathrm{H}}\right)\operatorname{cov}\left(\tilde{\boldsymbol{w}}_n\right)\left(\boldsymbol{I}-\mu\hat{\boldsymbol{v}}_n\hat{\boldsymbol{v}}_n^{\mathrm{H}}\right)\right]\\&+\mu^2\frac{r_n^2\sigma_\omega^2}{\hat{r}_n^2}\sum_{k=1}^{m}kE\left[\hat{a}_{n,k}\hat{a}_{n,k}^*\right]E\left[\hat{\boldsymbol{v}}_n\hat{\boldsymbol{v}}_n^{\mathrm{H}}\right]\\&+\frac{\mu^2\sigma_\varepsilon^2}{\hat{r}_n^2}\left(1+\sum_{k=1}^{m}E\left[\hat{a}_{n,k}\hat{a}_{n,k}^*\right]\right)E\left[\hat{\boldsymbol{v}}_n\hat{\boldsymbol{v}}_n^{\mathrm{H}}\right]+\tilde{r}_n^2E\left[\tilde{\boldsymbol{v}}_n\tilde{\boldsymbol{v}}_n^{\mathrm{H}}\right]\end{aligned} \tag{6-27}$$

定义协方差矩阵的对角元素为 $\tilde{\lambda}_{n+1,i}$，即

$$\tilde{\lambda}_{n+1,i}\equiv\left[\boldsymbol{V}^{\mathrm{H}}\operatorname{cov}\left(\tilde{\boldsymbol{w}}_{n+1}\right)\boldsymbol{V}\right]_{ii}\equiv\boldsymbol{v}_i^{\mathrm{H}}\operatorname{cov}\left(\tilde{\boldsymbol{w}}_{n+1}\right)\boldsymbol{v}_i \tag{6-28}$$

在假设 A3 条件下，$\boldsymbol{v}_i^{\mathrm{H}}$、$\boldsymbol{v}_i$ 分别左乘和右乘式（6-27），可得

$$E\left[\boldsymbol{v}_i^{\mathrm{H}}\left(\boldsymbol{I}-\mu\hat{\boldsymbol{v}}_n\hat{\boldsymbol{v}}_n^{\mathrm{H}}\right)\boldsymbol{A}\left(\boldsymbol{I}-\mu\hat{\boldsymbol{v}}_n\hat{\boldsymbol{v}}_n^{\mathrm{H}}\right)\boldsymbol{v}_i\right]=\left(1+\frac{\mu^2-2\mu}{N}\right)\boldsymbol{v}_i^{\mathrm{H}}\boldsymbol{A}\boldsymbol{v}_i \tag{6-29}$$

其中 $\boldsymbol{A}$ 是一个 $N\times N$ 维的矩阵，可得

$$\begin{aligned}\tilde{\lambda}_{n+1,i}=&\left(1+\frac{\mu^2-2\mu}{N}\right)\tilde{\lambda}_{n,i}+\mu^2\frac{r_n^2\sigma_\omega^2}{\hat{r}_n^2}\sum_{k=1}^{m}kE\left[\hat{a}_{n,k}\hat{a}_{n,k}^*\right]E\left[\boldsymbol{v}_i^{\mathrm{H}}\hat{\boldsymbol{v}}_n\hat{\boldsymbol{v}}_n^{\mathrm{H}}\boldsymbol{v}_i\right]\\&+\frac{\mu^2\sigma_\varepsilon^2}{\hat{r}_n^2}\left(1+\sum_{k=1}^{m}E\left[\hat{a}_{n,k}\hat{a}_{n,k}^*\right]\right)E\left[\boldsymbol{v}_i^{\mathrm{H}}\hat{\boldsymbol{v}}_n\hat{\boldsymbol{v}}_n^{\mathrm{H}}\boldsymbol{v}_i\right]+\tilde{r}_n^2E\left[\boldsymbol{v}_i^{\mathrm{H}}\tilde{\boldsymbol{v}}_n\tilde{\boldsymbol{v}}_n^{\mathrm{H}}\boldsymbol{v}_i\right]\end{aligned} \tag{6-30}$$

根据假设 A3 和假设 A4，可以得出结论：$\hat{\boldsymbol{v}}_n$ 和 $\tilde{\boldsymbol{v}}_n$ 两者都有 $1/N$ 的可能性变为 $\boldsymbol{v}_i$。所以式（6-30）可以重写为

$$\begin{aligned}\tilde{\lambda}_{n+1,i}=&\left(1+\frac{\mu^2-2\mu}{N}\right)\tilde{\lambda}_{n,i}+\mu^2\frac{r_n^2\sigma_\omega^2}{N\hat{r}_n^2}\sum_{k=1}^{m}kE\left[\hat{a}_{n,k}\hat{a}_{n,k}^*\right]\\&+\frac{\mu^2\sigma_\varepsilon^2}{N\hat{r}_n^2}\left(1+\sum_{k=1}^{m}E\left[\hat{a}_{n,k}\hat{a}_{n,k}^*\right]\right)+\frac{\tilde{r}_n^2}{N}\end{aligned} \tag{6-31}$$

基于式（6-15），可得 AP-DE 算法跟踪模型的均方误差为

$$
\begin{aligned}
E\left[e_n e_n^*\right] = & E\left[\tilde{\boldsymbol{w}}_n^{\mathrm{H}} \boldsymbol{\varphi}_n \boldsymbol{\varphi}_n^{\mathrm{H}} \tilde{\boldsymbol{w}}_n\right] + E\left[\tilde{\boldsymbol{w}}_n^{\mathrm{H}} \boldsymbol{\varphi}_n \sum_{k=1}^{m} \hat{a}_{n,k}^* \boldsymbol{x}_{n-k}^{\mathrm{H}} \left(\sum_{j=1}^{k} \boldsymbol{\omega}_{n-j}\right)\right] \\
& + E\left[\left\{\sum_{k=1}^{m} \hat{a}_{n,k} \left(\sum_{j=1}^{k} \boldsymbol{\omega}_{n-j}^{\mathrm{H}}\right) \boldsymbol{x}_{n-k}\right\} \boldsymbol{\varphi}_n^{\mathrm{H}} \tilde{\boldsymbol{w}}_n\right] \\
& + E\left[\tilde{\boldsymbol{w}}_n^{\mathrm{H}} \boldsymbol{\varphi}_n \left(\varepsilon_n^* - \sum_{k=1}^{m} \hat{a}_{n,k}^* \varepsilon_{n-k}^*\right)\right] + E\left[\left(\varepsilon_n - \sum_{k=1}^{m} \hat{a}_{n,k} \varepsilon_{n-k}\right) \boldsymbol{\varphi}_n^{\mathrm{H}} \tilde{\boldsymbol{w}}_n\right] \\
& + E\left[\left\{\sum_{k=1}^{m} \hat{a}_{n,k} \left(\sum_{j=1}^{k} \boldsymbol{\omega}_{n-j}^{\mathrm{H}}\right) \boldsymbol{x}_{n-k}\right\} \left\{\sum_{k=1}^{m} \hat{a}_{n,k}^* \boldsymbol{x}_{n-k}^{\mathrm{H}} \left(\sum_{j=1}^{k} \boldsymbol{\omega}_{n-j}\right)\right\}\right] \\
& + E\left[\left\{\sum_{k=1}^{m} \hat{a}_{n,k} \left(\sum_{j=1}^{k} \boldsymbol{\omega}_{n-j}^{\mathrm{H}}\right) \boldsymbol{x}_{n-k}\right\} \left(\varepsilon_n^* - \sum_{k=1}^{m} \hat{a}_{n,k}^* \varepsilon_{n-k}^*\right)\right] \\
& + E\left[\left(\varepsilon_n - \sum_{k=1}^{m} \hat{a}_{n,k} \varepsilon_{n-k}\right) \left\{\sum_{k=1}^{m} \hat{a}_{n,k}^* \boldsymbol{x}_{n-k}^{\mathrm{H}} \left(\sum_{j=1}^{k} \boldsymbol{\omega}_{n-j}\right)\right\}\right] \\
& + E\left[\left(\varepsilon_n - \sum_{k=1}^{m} \hat{a}_{n,k} \varepsilon_{n-k}\right) \left(\varepsilon_n^* - \sum_{k=1}^{m} \hat{a}_{n,k}^* \varepsilon_{n-k}^*\right)\right]
\end{aligned} \tag{6-32}
$$

其中系统测量噪声 ε_n 是零均值白噪声；$\boldsymbol{\omega}_n$ 是一个平稳的、独立零均值白噪声向量，所以第二和第三项、第四和第五项、第七和第八项变为零。根据假设 A3，输入信号的方向向量 $\boldsymbol{\varphi}_n$ 与权重向量 $\boldsymbol{w}_n$ 相互独立，可得

$$
\begin{aligned}
E\left[e_n e_n^*\right] = & \operatorname{tr}\left\{E\left[\tilde{\boldsymbol{w}}_n \tilde{\boldsymbol{w}}_n^{\mathrm{H}}\right] E\left[\boldsymbol{\varphi}_n \boldsymbol{\varphi}_n^{\mathrm{H}}\right]\right\} \\
& + \sum_{k=1}^{m} E\left[\hat{a}_{n,k} \hat{a}_{n,k}^*\right] \operatorname{tr}\left\{E\left[\boldsymbol{x}_{n-k} \boldsymbol{x}_{n-k}^{\mathrm{H}}\right] \left(\sum_{j=1}^{k} E\left[\boldsymbol{\omega}_{n-j} \boldsymbol{\omega}_{n-j}^{\mathrm{H}}\right]\right)\right\} \\
& + \sigma_{\varepsilon}^2 \left\{1 + \sum_{k=1}^{m} E\left[\hat{a}_{n,k} \hat{a}_{n,k}^*\right]\right\}
\end{aligned} \tag{6-33}
$$

在假设 A3 和假设 A4 条件下，根据 $\tilde{\lambda}_{n,i}$ 的定义，基于式（6-33），AP-DE 算法的跟踪均方误差可以写为

$$
E\left[e_n e_n^*\right] = \sigma_{\boldsymbol{\varphi}}^2 \sum_{i=1}^{N} \tilde{\lambda}_{n,i} + r_n^2 \sigma_{\boldsymbol{\omega}}^2 \sum_{k=1}^{m} k E\left[\hat{a}_{n,k} \hat{a}_{n,k}^*\right] + \sigma_{\varepsilon}^2 \left(1 + \sum_{k=1}^{m} E\left[\hat{a}_{n,k} \hat{a}_{n,k}^*\right]\right) \tag{6-34}
$$

6.5　稳定状态误差

假设 AP-DE 算法跟踪性的随机统计模型收敛，当 $n \to \infty$ 时，式（6-31）可以转化为

$$\tilde{\lambda}_{\infty,i}=\frac{1}{2\mu-\mu^2}\left\{\mu^2\frac{r_n^2\sigma_\omega^2}{\hat{r}_n^2}\sum_{k=1}^{m}kE\left[\hat{a}_{n,k}\hat{a}_{n,k}^*\right]+\frac{\mu^2\sigma_\varepsilon^2}{\hat{r}_n^2}\left(1+\sum_{k=1}^{m}E\left[\hat{a}_{n,k}\hat{a}_{n,k}^*\right]\right)+\tilde{r}_n^2\right\} \tag{6-35}$$

结合式（6-34）和式（6-35），基于 $\hat{r}^2=N\sigma_\varphi^2$，AP-DE 算法的稳态跟踪均方误差可写为

$$E\left[e_ne_n^*\right]=\frac{1}{2\mu-\mu^2}\left\{\mu^2r_n^2\sigma_\omega^2\sum_{k=1}^{m}kE\left[\hat{a}_{n,k}\hat{a}_{n,k}^*\right]+\mu^2\sigma_\varepsilon^2\left(1+\sum_{k=1}^{m}E\left[\hat{a}_{n,k}\hat{a}_{n,k}^*\right]\right)+\hat{r}_n^2\tilde{r}_n^2\right\}$$
$$+r_n^2\sigma_\omega^2\sum_{k=1}^{m}kE\left[\hat{a}_{n,k}\hat{a}_{n,k}^*\right]+\sigma_\varepsilon^2\left(1+\sum_{k=1}^{m}E\left[\hat{a}_{n,k}\hat{a}_{n,k}^*\right]\right) \tag{6-36}$$

6.6　仿真分析

在本节中，给出了由式（6-34）和式（6-36）得到的跟踪模型的 MSE 学习曲线仿真图。系统初始的真实权值 $\boldsymbol{w}_0^o$ 随机生成，具有 32 个抽头。设计的自适应滤波器的长度与实际系统的相同，即 $N=32$。权值估计初始值是 $\boldsymbol{w}_0=0$，迭代步长为 0.1，仿真是通过平均 100 次相互独立的试验来获得。系统测量噪声 $\boldsymbol{\varepsilon}_n$ 的方差 $\sigma_\varepsilon^2=0.01$，向量 $\boldsymbol{\omega}_n$ 方差为 2.5×10^{-5}。

示例 1　输入信号为 AR(1)模型，表达式为 $x_n=-0.95x_{n-1}+z_n$，z_n 为零均值高斯白噪声。参数 $m=1$。图 6-1 给出了由式（6-34）和式（6-36）建立的跟踪性随机统计模型与平均 100 次相互独立的试验仿真结果的比较。从图 6-1 可得，在这

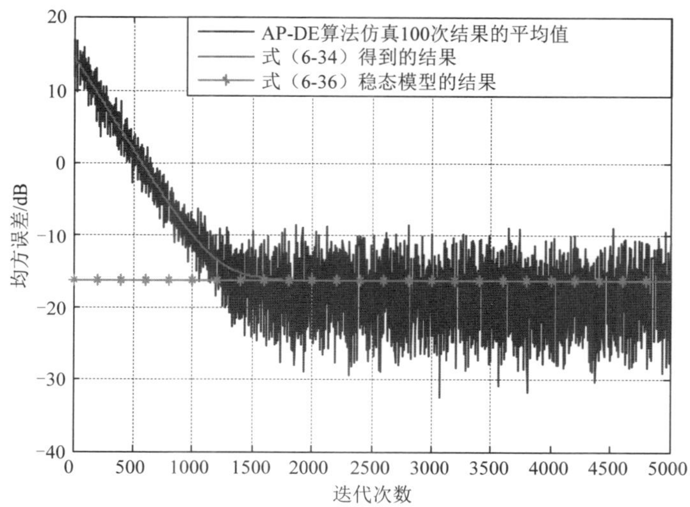

图 6-1　在输入信号为 AR(1)模型时，AP-DE 算法跟踪性的学习曲线

种条件下，本章建立的 AP-DE 算法跟踪性随机统计模型基本上与仿真结果一致。

示例 2　输入信号为 ARMA(2, 1) 模型，表达式为 $x_n = (0.7 - 0.3i)x_{n-1} - (0.4 - 0.6i)x_{n-2} + z_n + 0.5z_{n-1}$，$z_n$ 为零均值高斯白噪声。参数 $m = 3$，图 6-2 给出了由式（6-34）和式（6-36）建立的 AP-DE 算法跟踪性随机统计模型和仿真结果比较。从中可以看出，在此条件下，建立的 AP-DE 算法跟踪性随机统计模型与仿真结果拟合得比较好，说明能够较好地工作。

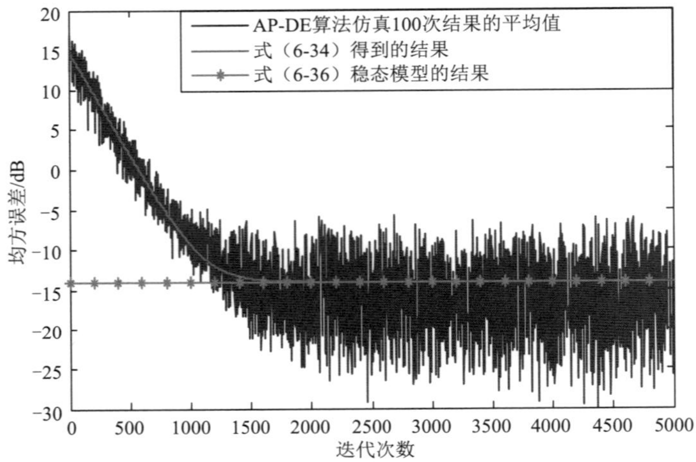

图 6-2　在输入信号为 ARMA(2, 1)模型时，AP-DE 算法跟踪性的学习曲线

6.7　本 章 小 结

在系统权值随机变化的条件下，本章首先给出四个假设条件。在此基础上，分析了 AP-DE 算法跟踪性的随机统计模型，推导出了权重误差和权值均方误差跟踪性的递归迭代表达式，并建立了 AP-DE 算法稳定状态的解。仿真结果表明，本章所建立的 AP-DE 算法的跟踪性随机统计模型与仿真结果拟合的结果比较好，其能够很好地工作。

第 7 章　平衡实现算法的参数化

平衡实现算法具有一些固有的良好特性，比如最小化了系统可控与可观 Grammian 矩阵的最大与最小特征值的比率，使得平衡系统具有最小参数的敏感度。因此，把平衡实现算法应用在大系统降维理论和自适应滤波技术中是一个非常好的选择[9]。本章将讨论线性时不变离散时间平衡系统的参数化，以便于下一章分析一种平衡自适应 IIR 滤波器结构。本章的内容安排如下：7.1 节根据文献[84]讨论了一种离散时间 SISO 平衡系统，并分析了实现参数化的过程；7.2 节讨论了一种参数化的离散时间 MIMO 平衡系统；7.3 节对本章讨论的内容进行了小结。

7.1　SISO 平衡系统的参数化

一个 N 阶线性时不变离散时间 SISO 系统的传递函数可以表示为

$$\mathrm{G}(z)=\frac{q_N(z)}{p_N(z)}=\frac{b_0+b_1z^{-1}+\cdots+b_Nz^{-N}}{1+a_1z^{-1}+\cdots+a_Nz^{-N}} \tag{7-1}$$

图 7-1 描述的是此系统最小实现的流程图。

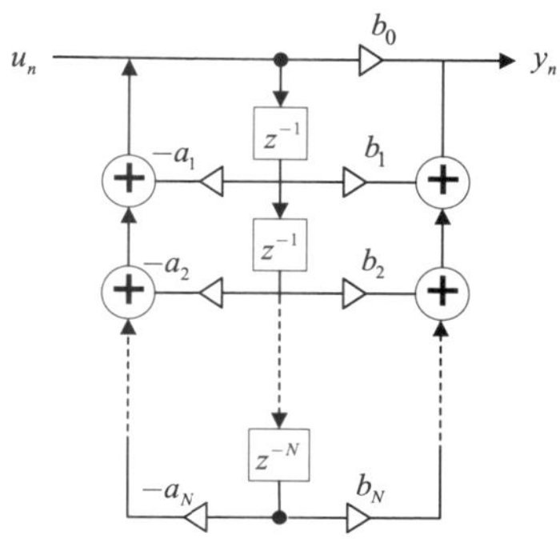

图 7-1　从差分方程获得的直接形式的数字滤波器结构

由图 7-1 可得，离散时间系统传递函数（7-1）的可控规范型的状态空间方程可以描述为

$$\begin{cases}\boldsymbol{x}_{n+1}=\boldsymbol{A}\boldsymbol{x}_n+\boldsymbol{b}u_n\\ y_n=\boldsymbol{c}\boldsymbol{x}_n+du_n\end{cases} \tag{7-2}$$

其中系统矩阵分别为

$$
\boldsymbol{A}=\begin{pmatrix} -a_1 & \cdots & -a_{N-1} & -a_N \\ 1 & \cdots & 0 & 0 \\ \vdots & & \vdots & \vdots \\ 0 & \cdots & 1 & 0 \end{pmatrix} \tag{7-3a}
$$

$$
\boldsymbol{b}=\begin{pmatrix} 1 \\ 0 \\ \vdots \\ 0 \end{pmatrix} \tag{7-3b}
$$

$$
\boldsymbol{c}^{\mathrm{T}}=\begin{pmatrix} b_1-b_0a_1 \\ b_2-b_0a_2 \\ \vdots \\ b_N-b_0a_N \end{pmatrix} \tag{7-3c}
$$

$$
d=b_0 \tag{7-3d}
$$

u_n 和 y_n 分别表示系统的输入和输出信号， $\boldsymbol{x}_n$ 表示 N 维的状态变量。同一个系统的不同实现结构可以利用状态转化矩阵 $\boldsymbol{T}$ 获得，即系统 $\left(\boldsymbol{T}^{-1}\boldsymbol{AT},\ \boldsymbol{T}^{-1}\boldsymbol{b},\ \boldsymbol{cT},\ d\right)$ 同状态空间方程组（7-2）具有完全相同的输入输出特性，其中 $\boldsymbol{T}$ 表示一个任意非奇异的矩阵。离散时间系统 $\left(\boldsymbol{T}^{-1}\boldsymbol{AT},\ \boldsymbol{T}^{-1}\boldsymbol{b},\ \boldsymbol{cT},\ d\right)$ 的可控 Gram 矩阵 $\boldsymbol{W}_c$ 和可观 Gram 矩阵 $\boldsymbol{W}_o$ 是 Lyapunov 方程的唯一解

$$
\boldsymbol{W}_c=\left(\boldsymbol{T}^{-1}\boldsymbol{AT}\right)\boldsymbol{W}_c\left(\boldsymbol{T}^{-1}\boldsymbol{AT}\right)^{\mathrm{T}}+\left(\boldsymbol{T}^{-1}\boldsymbol{b}\right)\left(\boldsymbol{T}^{-1}\boldsymbol{b}\right)^{\mathrm{T}} \tag{7-4a}
$$

$$
\boldsymbol{W}_o=\left(\boldsymbol{T}^{-1}\boldsymbol{AT}\right)^{\mathrm{T}}\boldsymbol{W}_o\left(\boldsymbol{T}^{-1}\boldsymbol{AT}\right)+\left(\boldsymbol{cT}\right)^{\mathrm{T}}\left(\boldsymbol{cT}\right) \tag{7-4b}
$$

如果离散时间系统 $\left(\boldsymbol{T}^{-1}\boldsymbol{AT},\ \boldsymbol{T}^{-1}\boldsymbol{b},\ \boldsymbol{cT},\ d\right)$ 的可控 Gram 矩阵 $\boldsymbol{W}_c$ 和可观 Gram 矩阵 $\boldsymbol{W}_o$ 都是对角矩阵并且相等，也就是满足关系式

$$
\boldsymbol{W}_c=\boldsymbol{W}_o=\operatorname{diag}\left(\sigma_1,\sigma_2,\cdots,\sigma_N\right) \tag{7-5}
$$

则离散时间系统 $\left(\boldsymbol{T}^{-1}\boldsymbol{AT},\ \boldsymbol{T}^{-1}\boldsymbol{b},\ \boldsymbol{cT},\ d\right)$ 称为一种平衡系统。这些对角线上的正元素称为 Hankel 奇异值。

离散时间系统的平衡实现参数化的建立将分三步完成。第一步，首先给出多项式 $\tilde{p}_N(z)$ 的定义

$$
\tilde{p}_N(z)=z^N p_N(z)=z^N+a_1z^{N-1}+\cdots+a_N \tag{7-6}
$$

和移位矩阵 $\boldsymbol{Z}_N=R^{N\times N}$

$$\boldsymbol{Z}_N = \begin{pmatrix} 0 & 1 & \cdots & 0 \\ \vdots & \vdots & & \vdots \\ 0 & 0 & \cdots & 1 \\ 0 & 0 & \cdots & 0 \end{pmatrix} \tag{7-7}$$

然后定义 Schur-Cohn 矩阵 $\boldsymbol{H}$ [91]为

$$\boldsymbol{H} = \tilde{p}_N(\boldsymbol{Z}_N)^{\mathrm{T}} \tilde{p}_N(\boldsymbol{Z}_N) - p_N(\boldsymbol{Z}_N)^{\mathrm{T}} p_N(\boldsymbol{Z}_N) \tag{7-8}$$

根据文献[92]，可知 Schur-Cohn 矩阵 $\boldsymbol{H}$ 的逆矩阵满足 Lyapunov 方程

$$\boldsymbol{A}\boldsymbol{H}^{-1}\boldsymbol{A}^{\mathrm{T}} + \boldsymbol{b}\boldsymbol{b}^{\mathrm{T}} = \boldsymbol{H}^{-1} \tag{7-9}$$

第二步，定义矩阵 $\boldsymbol{M} = \{m_{ij}\}$ 的元素为

$$m_{ij} = \sum_{\tau \geqslant 1} a_{i-\tau} c_{j+\tau-1} - \sum_{\tau \geqslant 1} c_{i-\tau} a_{j+\tau-1} \tag{7-10}$$

其中 $a_0 = 1$、$c_0 = 0$ 和 $c_i = b_i - b_0 a_i$，$1 \leqslant i \leqslant N$。矩阵方程

$$\boldsymbol{A}^{\mathrm{T}}\boldsymbol{M} = \boldsymbol{M}\boldsymbol{A},\ \boldsymbol{c}^{\mathrm{T}} = \boldsymbol{M}\boldsymbol{b} \tag{7-11}$$

的唯一解 $\boldsymbol{M} = \{m_{ij}\}$，称为 Bezoutian 矩阵[93]。

第三步，根据文献[84]，下面将给出离散时间平衡系统矩阵$(\boldsymbol{A}_{bal}, \boldsymbol{b}_{bal}, \boldsymbol{c}_{bal}, d_{bal})$的计算方法。可控规范型系统的可控 Gram 矩阵 $\boldsymbol{W}_c$ 和可观 Gram 矩阵 $\boldsymbol{W}_o$ 分别等于

$$\boldsymbol{W}_c = \boldsymbol{H}^{-1} \tag{7-12}$$

和

$$\boldsymbol{W}_o = \boldsymbol{M}\boldsymbol{H}^{-1}\boldsymbol{M} \tag{7-13}$$

定义矩阵 $\boldsymbol{W}_{co}$ 等于

$$\boldsymbol{W}_{co} \triangleq \boldsymbol{H}^{-1}\boldsymbol{M} \tag{7-14}$$

根据式（7-14），可以获得下面的结果

$$\boldsymbol{W}_{co} = \boldsymbol{T}\boldsymbol{\Lambda}\boldsymbol{T}^{-1} \tag{7-15}$$

其中矩阵 $\boldsymbol{T}$ 和 $\boldsymbol{\Lambda}$ 分别表示矩阵 $\boldsymbol{W}_{co}$ 的特征值和特征向量，矩阵 $\boldsymbol{\Lambda}$ 上的对角线元素分别等于 $\lambda_1, \lambda_2, \cdots, \lambda_N$。定义矩阵 $\boldsymbol{D}$ 为

$$\boldsymbol{D} \triangleq \boldsymbol{T}^{\mathrm{T}}\boldsymbol{M}\boldsymbol{T} \tag{7-16}$$

矩阵 $\boldsymbol{D}$ 的对角线元素定义为 d_1, d_2, $\cdots$, d_N。根据此结果，定义矩阵 $\boldsymbol{F}$ 等于

$$\boldsymbol{F} \triangleq \mathrm{diag}\left(|d_1|^{-1/2}, |d_2|^{-1/2}, \cdots, |d_N|^{-1/2}\right) \tag{7-17}$$

最后，获得从可控规范型系统到平衡系统的状态转化矩阵 $\boldsymbol{T}_{bal}$ 为

$$\boldsymbol{T}_{bal} = \boldsymbol{TF} \tag{7-18}$$

因此，可得离散时间平衡系统的系统矩阵为

$$\boldsymbol{A}_{bal} = \boldsymbol{T}_{bal}^{-1}\boldsymbol{A}\boldsymbol{T}_{bal} \tag{7-19a}$$

$$\boldsymbol{b}_{bal} = \boldsymbol{T}_{bal}^{-1}\boldsymbol{b} \tag{7-19b}$$

$$\boldsymbol{c}_{bal} = \boldsymbol{c}\boldsymbol{T}_{bal} \tag{7-19c}$$

$$d_{bal} = d \tag{7-19d}$$

离散时间平衡系统的可控 Gram 矩阵 $\boldsymbol{W}_{cbal}$ 和可观 Gram 矩阵 $\boldsymbol{W}_{obal}$ 分别等于

$$\boldsymbol{W}_{cbal} = \boldsymbol{T}_{bal}^{-1}\boldsymbol{W}_{c}\left(\boldsymbol{T}_{bal}^{\mathrm{H}}\right)^{-1} \tag{7-20a}$$

$$\boldsymbol{W}_{obal} = \boldsymbol{T}_{bal}^{\mathrm{T}}\boldsymbol{W}_{o}\boldsymbol{T}_{bal} \tag{7-20b}$$

由此可知，式（7-19）和式（7-20）满足方程式（7-4）和式（7-5）。因此，由离散时间系统传递函数中的 $(2N+1)$ 个参数 $\boldsymbol{\theta}_{bal} = (a_1, a_2, \cdots, a_N;\ b_0, b_1, \cdots, b_N)$ 构成的系统矩阵 $(\boldsymbol{A}_{bal}, \boldsymbol{b}_{bal}, \boldsymbol{c}_{bal}, d_{bal})$ 满足离散时间系统平衡实现定义的关系式（1-4）和式（1-5），称为一种离散时间 SISO 系统的平衡实现。

7.2　MIMO 平衡系统的参数化

由于平衡实现算法的实现与系统矩阵 $\boldsymbol{D}$ 无关，所以在本节的讨论中，假定系统矩阵 $\boldsymbol{D}$ 等于 $\boldsymbol{0}$。一个线性时不变 N 阶离散时间 MIMO 系统的状态空间方程可以表示为

$$\begin{cases} \boldsymbol{x}_{n+1} = \boldsymbol{A}\boldsymbol{x}_n + \boldsymbol{B}\boldsymbol{u}_n \\ \boldsymbol{y}_n = \boldsymbol{C}\boldsymbol{x}_n \end{cases} \tag{7-21}$$

首先，根据平衡系统的定义，设离散时间 MIMO 系统的可控 Gram 矩阵 $\boldsymbol{W}_{cbal}$ 与可观 Gram 矩阵 $\boldsymbol{W}_{obal}$ 相等，并且都为对角矩阵，等于

$$\boldsymbol{W} = \boldsymbol{W}_{cbal} = \boldsymbol{W}_{obal} = \begin{pmatrix} \lambda_1 & & & \\ & \lambda_2 & & \\ & & \ddots & \\ & & & \lambda_N \end{pmatrix} \tag{7-22}$$

为了确定和简化离散时间 MIMO 的平衡系统参数之间的关系，假定系统矩阵 $\boldsymbol{A}$ 为对角矩阵

$$\boldsymbol{A}=\begin{pmatrix} a_1 & & & \\ & a_2 & & \\ & & \ddots & \\ & & & a_N \end{pmatrix} \tag{7-23}$$

系统矩阵 $\boldsymbol{B}$ 满足关系式

$$\boldsymbol{B}\boldsymbol{B}^{\mathrm{T}}=\begin{pmatrix} b_1^2 & & & \\ & b_2^2 & & \\ & & \ddots & \\ & & & b_N^2 \end{pmatrix} \tag{7-24}$$

同时系统矩阵 $\boldsymbol{C}$ 满足

$$\boldsymbol{C}^{\mathrm{T}}\boldsymbol{C}=\begin{pmatrix} (r_1 b_1)^2 & & & \\ & (r_2 b_2)^2 & & \\ & & \ddots & \\ & & & (r_N b_N)^2 \end{pmatrix} \tag{7-25}$$

其中参数 $r_i=\pm 1,\ 1\leqslant i\leqslant N$ 。根据上面的假定和离散时间系统的平衡实现算法的定义，可以确定系统参数之间的关系式等于

$$b_i=s_i\sqrt{\lambda_i\left(1-a_i^2\right)};\ 1\leqslant i\leqslant N \tag{7-26}$$

$$c_i=r_i s_i\sqrt{\lambda_i\left(1-a_i^2\right)};\ 1\leqslant i\leqslant N \tag{7-27}$$

式中，参数 $s_i=\pm 1,\ 1\leqslant i\leqslant N$ ；参数 c_i 是系统矩阵 $\boldsymbol{C}$ 对角线上的第 i 个元素。根据平衡系统稳定的条件[70-71]，可知参数 $\lambda_i>0,\ 1\leqslant i\leqslant N$ 。因此，根据式（7-26）和式（7-27），可得系统稳定的另一个条件 $|a_i|<1,\ 1\leqslant i\leqslant N$ 。这个结果同参考文献[94]中给出的离散时间系统稳定的条件一致。

根据文献[9]，可知四乘网格滤波器具有良好的抗噪性能，其系统的可控 Gram 矩阵为一个单位矩阵，因此选择系统矩阵 $\boldsymbol{B}$ 等于

$$\boldsymbol{B}=\begin{pmatrix} b_1 & & & \\ & b_2 & & \\ & & \ddots & \\ & & & b_N \end{pmatrix}\boldsymbol{B}_1\boldsymbol{B}_2\cdots\boldsymbol{B}_{N-1} \tag{7-28}$$

其中

$$\boldsymbol{B}_j = \begin{pmatrix} \boldsymbol{I}_{j-1} & 0 & 0 & 0 \\ 0 & -\sin\theta_j & \cos\theta_j & 0 \\ 0 & \cos\theta_j & \sin\theta_j & 0 \\ 0 & 0 & 0 & \boldsymbol{I}_{N-j-1} \end{pmatrix};\ 1 \leqslant j \leqslant N-1 \tag{7-29}$$

矩阵 $\boldsymbol{B}_j$ 具有特性

$$(\boldsymbol{B}_1\boldsymbol{B}_2\cdots\boldsymbol{B}_{N-1})(\boldsymbol{B}_1\boldsymbol{B}_2\cdots\boldsymbol{B}_{N-1})^{\mathrm{T}} = \boldsymbol{I} \tag{7-30}$$

选择系统矩阵 $\boldsymbol{C}$ 等于

$$\boldsymbol{C}^{\mathrm{T}} = \begin{pmatrix} r_1 b_1 & & & \\ & r_2 b_2 & & \\ & & \ddots & \\ & & & r_N b_N \end{pmatrix} \boldsymbol{C}_1\boldsymbol{C}_2\cdots\boldsymbol{C}_{N-1} \tag{7-31}$$

其中

$$\boldsymbol{C}_j = \begin{pmatrix} \boldsymbol{I}_{j-1} & 0 & 0 & 0 \\ 0 & -\sin\varphi_j & \cos\varphi_j & 0 \\ 0 & \cos\varphi_j & \sin\varphi_j & 0 \\ 0 & 0 & 0 & \boldsymbol{I}_{N-j-1} \end{pmatrix};\ 1 \leqslant j \leqslant N-1 \tag{7-32}$$

矩阵 $\boldsymbol{C}_j$ 同矩阵 $\boldsymbol{B}_j$ 一样，具有特性

$$(\boldsymbol{C}_1\boldsymbol{C}_2\cdots\boldsymbol{C}_{N-1})(\boldsymbol{C}_1\boldsymbol{C}_2\cdots\boldsymbol{C}_{N-1})^{\mathrm{T}} = \boldsymbol{I} \tag{7-33}$$

因此，由系统参数 $\boldsymbol{\pi}_{bal} = (a_1, \cdots, a_N;\ \lambda_1, \cdots, \lambda_N; \theta_1, \cdots, \theta_{N-1};\ \varphi_1, \cdots, \varphi_{N-1}; s_1, \cdots, s_N; r_1, \cdots, r_N)$ 构成的系统矩阵 $(\boldsymbol{A}, \boldsymbol{B}, \boldsymbol{C})$ 满足离散时间系统的平衡实现算法的定义，称为一种离散时间 MIMO 的平衡系统。

7.3 本 章 小 结

本章分析了离散时间系统的平衡实现算法，根据文献[84]讨论了一种离散时间 SISO 平衡系统，同时研究建立了一种离散时间 MIMO 平衡系统，并对离散时间 SISO 和 MIMO 平衡系统实现了参数化的处理。由于平衡实现算法最小化了参数的敏感度，因此在大系统降维理论和自适应 IIR 滤波器结构设计中采用平衡实现算法是一个不错的选择。

第 8 章 平衡自适应 IIR 滤波器的设计

线性时不变系统理论中有一个非常有用的结论[34,61]，即总能获得一个系统转换矩阵，使得转化后线性时不变系统的可控 Gram 矩阵和可观 Gram 矩阵同时对角化，并且相等，这时系统称为平衡系统[10]。平衡实现算法具有一些良好的数字特征[10,61,67,95-98]，文献[10]、[99]中已经证明平衡实现算法在大系统降维理论中有非常好的应用。文献[70]、[71]证明了平衡实现结构具有非常好的收敛性，通过建立连续时间平衡实现系统的参数化，经过双线性转化得到离散时间的平衡系统，基于 LMS 算法获得了平衡自适应 IIR 滤波器的结构，但是此算法具有非常大的计算复杂度，自适应滤波器每一步迭代的系统矩阵都需要进行双线性转化。本章将研究建立一种直接基于离散时间系统 Lyapunov 方程的平衡自适应 IIR 滤波器结构。文献[9]指出在自适应滤波技术中采用平衡实现算法应是一个非常好的选择，但是到目前为止，这仍然是一个悬而未决的问题。问题是在迭代计算选择的$(2N+1)$个离散时间系统参数的过程中，怎么使得离散时间系统的可控 Gram 矩阵和可观 Gram 矩阵一直处于对角化状态，并且相等，即离散时间系统一直处于平衡状态。本章的内容安排如下：8.1 节列出了离散时间平衡系统的系统矩阵和传递函数的参数梯度计算方法；8.2 节研究了一种平衡自适应 IIR 滤波器结构；8.3 节对所研究的平衡自适应 IIR 滤波算法在仿真软件 MATLAB 中进行了仿真，验证了研究的平衡自适应 IIR 滤波器算法的有效性；8.4 节对本章研究的内容进行了小结，说明了平衡自适应 IIR 滤波器的一些优点。

8.1 参数梯度的计算

根据第 7 章的结论，定义离散时间系统传递函数中的$(2N+1)$个系统参数构成的参数向量$\boldsymbol{\theta}_{bal}$等于

$$\boldsymbol{\theta}_{bal}=\left(a_1,\cdots,a_N;\ b_0,b_1,\cdots,b_N\right)^{\mathrm{T}} \tag{8-1}$$

根据式（7-3）、式（7-8）和式（7-10），可以直接得到结果$\frac{\partial \boldsymbol{A}}{\partial\theta_i}$，$\frac{\partial \boldsymbol{b}}{\partial\theta_i}$，$\frac{\partial \boldsymbol{c}}{\partial\theta_i}$，$\frac{\partial d}{\partial\theta_i}$，$\frac{\partial \boldsymbol{H}}{\partial\theta_i}$和$\frac{\partial \boldsymbol{M}}{\partial\theta_i}$。其中参数$\theta_i$，$1\leqslant i\leqslant 2N+1$为参数向量$\boldsymbol{\theta}_{bal}$中的一个元素。根

据式（7-19），利用平衡系统的系统矩阵构建的离散时间系统的传递函数$\mathrm{G}(z)$等于

$$\mathrm{G}(z)=\boldsymbol{c}_{bal}(z\boldsymbol{I}-\boldsymbol{A}_{bal})^{-1}\boldsymbol{b}_{bal}+d_{bal} \tag{8-2}$$

对式（8-2）两边求参数θ_i, $1\leqslant i\leqslant 2N+1$的导数，可得

$$\begin{aligned}\frac{\partial \mathrm{G}(z)}{\partial\theta_i}=&\frac{\partial\boldsymbol{c}_{bal}}{\partial\theta_i}(z\boldsymbol{I}-\boldsymbol{A}_{bal})^{-1}\boldsymbol{b}_{bal}+\boldsymbol{c}_{bal}(z\boldsymbol{I}-\boldsymbol{A}_{bal})^{-1}\frac{\partial\boldsymbol{b}_{bal}}{\partial\theta_i}\\&+\boldsymbol{c}_{bal}(z\boldsymbol{I}-\boldsymbol{A}_{bal})^{-1}\frac{\partial\boldsymbol{A}_{bal}}{\partial\theta_i}(z\boldsymbol{I}-\boldsymbol{A}_{bal})^{-1}\boldsymbol{b}_{bal}+\frac{\partial d_{bal}}{\partial\theta_i}\end{aligned} \tag{8-3}$$

平衡自适应IIR滤波器依据LMS算法，需要对系统结构求导数。因此，式(8-2)和式（8-3）与文献[70]、[71]类似，都是利用系统矩阵建立的传递函数，并对系统传递函数求导。但是文献[70]、[71]利用连续时间平衡实现系统 Lyapunov 方程的可解性，系统矩阵由连续时间平衡系统的系统矩阵经过双线性转换获得；而本文所研究的系统矩阵是直接由离散时间平衡实现系统 Lyapunov 方程的定义而得。因此，在求式（8-3）结果的过程中，这两个算法有本质的不同，本文所研究的平衡实现自适应 IIR 滤波器算法完全的处于离散时间状态。利用式（7-19），可求得式（8-3）中离散时间平衡系统的系统矩阵对参数θ_i的导数：

$$\frac{\partial\boldsymbol{A}_{bal}}{\partial\theta_i}=-\boldsymbol{T}_{bal}^{-1}\frac{\partial\boldsymbol{T}_{bal}}{\partial\theta_i}\boldsymbol{T}_{bal}^{-1}\boldsymbol{A}\boldsymbol{T}_{bal}+\boldsymbol{T}_{bal}^{-1}\frac{\partial\mathrm{A}}{\partial\theta_i}\boldsymbol{T}_{bal}+\boldsymbol{T}_{bal}^{-1}\boldsymbol{A}\frac{\partial\boldsymbol{T}_{bal}}{\partial\theta_i} \tag{8-4a}$$

$$\frac{\partial\boldsymbol{b}_{bal}}{\partial\theta_i}=-\boldsymbol{T}_{bal}^{-1}\frac{\partial\boldsymbol{T}_{bal}}{\partial\theta_i}\boldsymbol{T}_{bal}^{-1}\boldsymbol{b}+\boldsymbol{T}_{bal}^{-1}\frac{\partial\boldsymbol{b}}{\partial\theta_i} \tag{8-4b}$$

$$\frac{\partial\boldsymbol{c}_{bal}}{\partial\theta_i}=\frac{\partial\boldsymbol{c}}{\partial\theta_i}\boldsymbol{T}_{bal}+\boldsymbol{c}\frac{\partial\boldsymbol{T}_{bal}}{\partial\theta_i} \tag{8-4c}$$

$$\frac{\partial d_{bal}}{\partial\theta_i}=\frac{\partial d}{\partial\theta_i} \tag{8-4d}$$

由式（7-3b），可得

$$\frac{\partial\boldsymbol{b}}{\partial\theta_i}=0 \tag{8-5}$$

根据式（8-4b）和式（8-5），得

$$\frac{\partial\boldsymbol{b}_{bal}}{\partial\theta_i}=-\boldsymbol{T}_{bal}^{-1}\frac{\partial\boldsymbol{T}_{bal}}{\partial\theta_i}\boldsymbol{T}_{bal}^{-1}\boldsymbol{b} \tag{8-6}$$

由式（8-4）和式（8-6）可以看出，现在只有系统转换矩阵$\boldsymbol{T}_{bal}$对参数θ_i的导数未知。利用式（7-18），可以求得

$$\frac{\partial \boldsymbol{T}_{bal}}{\partial \theta_i} = \frac{\partial \boldsymbol{T}}{\partial \theta_i}\boldsymbol{F} + \boldsymbol{T}\frac{\partial \boldsymbol{F}}{\partial \theta_i} \tag{8-7}$$

根据式（7-16）和式（7-17）定义，可获得对角矩阵 $\boldsymbol{F}$ 对参数 θ_i 的导数：

$$\frac{\partial \boldsymbol{F}}{\partial \theta_i} = -\frac{1}{2}\boldsymbol{F}\mathrm{diag}\left(\frac{1}{d_1}, \frac{1}{d_2}, \cdots, \frac{1}{d_N}\right)\frac{\partial \tilde{\boldsymbol{D}}}{\partial \theta_i} \tag{8-8}$$

其中 $\frac{\partial \tilde{\boldsymbol{D}}}{\partial \theta_i}$ 为对角矩阵，对角线上的元素等于矩阵 $\boldsymbol{D}$ 对角线上的元素对参数 θ_i 的导数。利用式（7-16），可得

$$\frac{\partial \boldsymbol{D}}{\partial \theta_i} = \left(\frac{\partial \boldsymbol{T}}{\partial \theta_i}\right)^{\mathrm{T}}\boldsymbol{M}\boldsymbol{T} + \boldsymbol{T}^{\mathrm{T}}\frac{\partial \boldsymbol{M}}{\partial \theta_i}\boldsymbol{T} + \boldsymbol{T}^{\mathrm{T}}\boldsymbol{M}\frac{\partial \boldsymbol{T}}{\partial \theta_i} \tag{8-9}$$

可以看出，现在仅需要知道 $\frac{\partial \boldsymbol{T}}{\partial \theta_i}$。根据式（7-14），可以得到下面的结果：

$$\frac{\partial \boldsymbol{W}_{co}}{\partial \theta_i} = -\boldsymbol{H}^{-1}\frac{\partial \boldsymbol{H}}{\partial \theta_i}\boldsymbol{H}^{-1}\boldsymbol{M} + \boldsymbol{H}^{-1}\frac{\partial \boldsymbol{M}}{\partial \theta_i} \tag{8-10}$$

利用式（7-15），得

$$\boldsymbol{W}_{co}\boldsymbol{T} = \boldsymbol{T}\boldsymbol{\Lambda} \tag{8-11}$$

通过对式（8-11）两边求参数 θ_i 的导数，得

$$\frac{\partial \boldsymbol{W}_{co}}{\partial \theta_i}\boldsymbol{T} - \boldsymbol{T}\frac{\partial \boldsymbol{\Lambda}}{\partial \theta_i} = -\boldsymbol{W}_{co}\frac{\partial \boldsymbol{T}}{\partial \theta_i} + \frac{\partial \boldsymbol{T}}{\partial \theta_i}\boldsymbol{\Lambda} \tag{8-12}$$

式（8-12）两边前乘以矩阵 $\boldsymbol{T}^{-1}$，得

$$\boldsymbol{T}^{-1}\frac{\partial \boldsymbol{W}_{co}}{\partial \theta_i}\boldsymbol{T} - \frac{\partial \boldsymbol{\Lambda}}{\partial \theta_i} = -\boldsymbol{T}^{-1}\boldsymbol{W}_{co}\frac{\partial \boldsymbol{T}}{\partial \theta_i} + \boldsymbol{T}^{-1}\frac{\partial \boldsymbol{T}}{\partial \theta_i}\boldsymbol{\Lambda} \tag{8-13}$$

定义矩阵 $\boldsymbol{P} \triangleq \boldsymbol{T}^{-1}\frac{\partial \boldsymbol{T}}{\partial \theta_i}$，即

$$\frac{\partial \boldsymbol{T}}{\partial \theta_i} = \boldsymbol{T}\boldsymbol{P} \tag{8-14}$$

由式（8-13）和式（8-14），可得

$$\boldsymbol{T}^{-1}\frac{\partial \boldsymbol{W}_{co}}{\partial \theta_i}\boldsymbol{T} - \frac{\partial \boldsymbol{\Lambda}}{\partial \theta_i} = -\boldsymbol{T}^{-1}\boldsymbol{W}_{co}\boldsymbol{T}\boldsymbol{P} + \boldsymbol{P}\boldsymbol{\Lambda} \tag{8-15}$$

根据式（7-15）和式（8-15），得

$$\boldsymbol{T}^{-1}\frac{\partial \boldsymbol{W}_{co}}{\partial \theta_i}\boldsymbol{T}-\frac{\partial \boldsymbol{\Lambda}}{\partial \theta_i}=-\boldsymbol{\Lambda P}+\boldsymbol{P\Lambda} \tag{8-16}$$

在本章的讨论中，仅仅考虑离散时间系统具有不同特征值的情况。因此，如果把式（8-16）单个-单个元素的进行考虑，其将具有如下的形式：

$$\hat{\boldsymbol{t}}_m^{\mathrm{T}}\frac{\partial \boldsymbol{W}_{co}}{\partial \theta_i}\boldsymbol{t}_l-\delta_{ml}\frac{\partial \lambda_m}{\partial \theta_i}=\left(\lambda_l-\lambda_m\right)p_{ml} \tag{8-17}$$

式中，$\hat{\boldsymbol{t}}_m$ 和 $\boldsymbol{t}_l$ 分别表示左边的第 m 个和右边的第 l 个特征向量，如果参数 $m=l$，则 $\delta_{ml}=1$，否则 $\delta_{ml}=0$；λ_m 是对角矩阵 $\boldsymbol{\Lambda}$ 上的第 m 元素；p_{ml} 是矩阵 $\boldsymbol{P}$ 中 (m,l) 的元素。因此，$\frac{\partial \lambda_m}{\partial \theta_i}$ 和 p_{ml} 可以获得如下的形式：

$$\frac{\partial \lambda_m}{\partial \theta_i}=\hat{\boldsymbol{t}}_m^{\mathrm{T}}\frac{\partial \boldsymbol{W}_{co}}{\partial \theta_i}\boldsymbol{t}_l;\ m=l \tag{8-18}$$

$$p_{ml}=\frac{\hat{\boldsymbol{t}}_m^{\mathrm{T}}\dfrac{\partial \boldsymbol{W}_{co}}{\partial \theta_i}\boldsymbol{t}_l}{\lambda_l-\lambda_m};\ m\neq l \tag{8-19}$$

依据式(8-19)和式(8-10)，可以确定矩阵 $\boldsymbol{P}$ 非对角线上的元素。由于式(8-19)对矩阵 $\boldsymbol{P}$ 对角线上的元素没有限制，所以它们可以被任意选择。但是一个合理的选择方案，是选择第 β 特征向量的第 α 元素对参数 θ_i 的导数为 0[100]。因此，可以得到如下的结果：

$$\frac{\partial t_{\alpha\beta}}{\partial \theta_i}=0;\ 1\leqslant\alpha\leqslant N，\beta=1,2,\cdots,N \tag{8-20}$$

其中 $t_{\alpha\beta}$ 是矩阵 $\boldsymbol{T}$ 的第 α 行 β 列元素。数值 α 选择如下：

$$\left|\hat{t}_{\alpha\beta}\right|\left|t_{\alpha\beta}\right|=\max_{1\leqslant j\leqslant N}\left(\left|\hat{t}_{j\beta}\right|\left|t_{j\beta}\right|\right);\ 1\leqslant\alpha\leqslant N，\beta=1,2,\cdots,N \tag{8-21}$$

条件（8-21）将防止元素 $\hat{t}_{\alpha\beta}$ 和 $t_{\alpha\beta}$ 同时变得很小[100]，其中 $\hat{t}_{\alpha\beta}$ 是矩阵 $\boldsymbol{T}^{-1}$ 的第 α 行 β 列元素。因此，系统的特征向量被唯一确定。根据式（8-14）和式（8-20），可得

$$\sum_{q=1}^{N}t_{\alpha q}p_{q\beta}=0;\ 1\leqslant\alpha\leqslant N，\beta=1,2,\cdots,N \tag{8-22}$$

由式（8-21）可知元素 $t_{\alpha\beta}$ 不可能为 0，所以依据式（8-22），可得

$$p_{\beta\beta}=-\frac{1}{t_{\alpha\beta}}\sum_{\substack{q=1\\q\neq\beta}}^{N}t_{\alpha q}p_{q\beta};\ 1\leqslant\alpha\leqslant N，\beta=1,2,\cdots,N \tag{8-23}$$

因此，根据式（8-14）、式（8-15）、式（8-19）和式（8-23），矩阵$\dfrac{\partial \boldsymbol{T}}{\partial \theta_i}$将被唯一确定。最后可以唯一确定离散时间平衡系统的$\dfrac{\partial \boldsymbol{A}_{bal}}{\partial \theta_i}$、$\dfrac{\partial \boldsymbol{b}_{bal}}{\partial \theta_i}$、$\dfrac{\partial \boldsymbol{c}_{bal}}{\partial \theta_i}$、$\dfrac{\partial d_{bal}}{\partial \theta_i}$和$\dfrac{\partial \mathrm{G}(z)}{\partial \theta_i}$。

8.2　平衡自适应 IIR 滤波算法

图 8-1 表示系统状态空间滤波器结构[62,70]，自适应滤波器依据 LMS 算法，尽量最小化系统估计输出信号的误差e_n，即

$$e_n = y_n - \tilde{y}_n \tag{8-24}$$

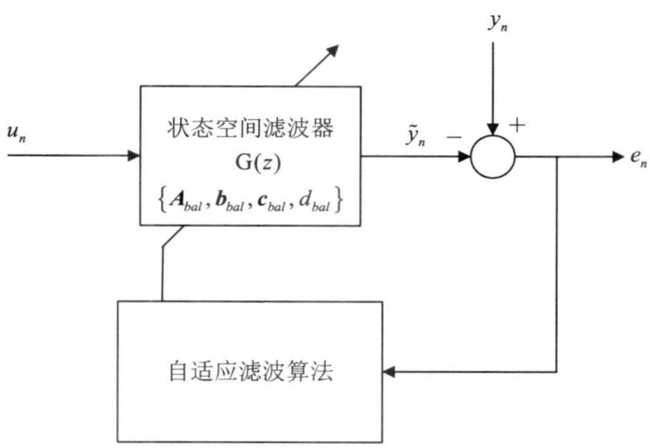

图 8-1　系统状态空间滤波器结构

平衡自适应 IIR 滤波器算法的参数迭代方程为

$$\theta_{n+1,i} = \theta_{n,i} + \mu e_n \frac{\partial \tilde{y}_n}{\partial \theta_i} \tag{8-25}$$

其中

$$\frac{\partial \tilde{y}_n}{\partial \theta_i} = \frac{\partial \mathrm{G}(z)}{\partial \theta_i} u_n \tag{8-26}$$

是平衡自适应 IIR 滤波器估计输出信号对参数θ_i的导数。

为了更加明确说明研究算法的参数迭代过程，图 8-2 给出了与文献[70]类似的结构，表示计算离散时间平衡系统的系统矩阵梯度的滤波器结构，其中在每一个并联结构中的流程图中对应着相应的离散时间平衡系统的系统矩阵。但是这两个

算法中的系统矩阵的表示方式是不一样的。文献[70]、[71]通过建立连续时间平衡实现系统的参数化，经过双线性转换获得离散时间平衡实现系统的系统矩阵。本章分析的算法直接基于离散时间系统的平衡实现定义，获得了离散时间平衡实现系统的系统矩阵。

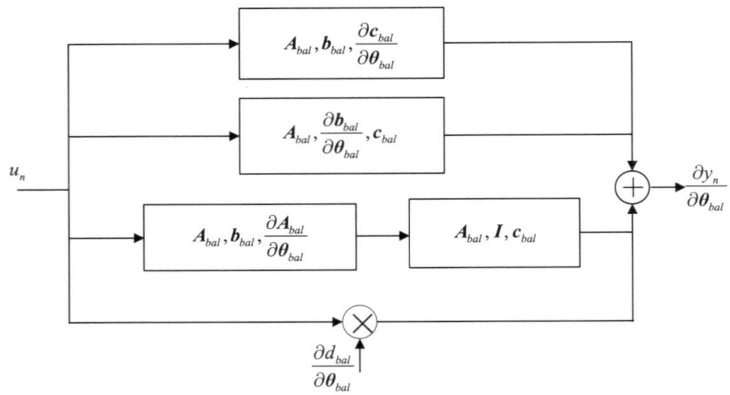

图 8-2 计算梯度的滤波器结构

基于自适应滤波 LMS 算法，利用离散时间平衡系统的 Lyapunov 方程，上面的计算过程构成了一个平衡自适应 IIR 滤波器算法。这个算法确保了在迭代自适应 IIR 滤波器参数的过程中，离散时间系统的可控 Gram 矩阵和可观 Gram 矩阵始终相等，并且都为对角矩阵。其中最重要的是离散时间系统的 Gram 矩阵的最大与最小特征值的比率一直处于最小状态，具有最小参数的敏感度，使得所设计的平衡自适应 IIR 滤波器结构最小化了系统估计输出信号的均方误差。

8.3 仿真示例

本节将在仿真软件 MATLAB 中验证所研究的平衡自适应 IIR 滤波器算法。为了避免可能的平衡自适应 IIR 滤波器的估计输出误差信号收敛到局部的最小，首先采用基于方程误差的自适应 IIR 滤波器结构获得“好的”初始估计，然后再采用所研究的平衡自适应 IIR 滤波算法迭代离散时间平衡系统中的 $(2N+1)$ 个参数，实现平衡自适应 IIR 滤波器的收敛。

示例 1 仿真所采用的实际系统是一个二阶的椭圆数字低通滤波器，其中峰-峰值等于 0.2dB，阻带最小衰减等于 20dB，截止频率的参数选择等于 0.05。平衡自适应 IIR 滤波器的阶次同实现系统一样，也为二阶的结构。为了测试平衡自适应 IIR 滤波算法的敏感性和收敛性，参数迭代步长 μ 的选择非常小，等于 1×10^{-4}。

图 8-3 给出了平衡自适应 IIR 滤波器算法的学习曲线，其中横坐标表示迭代的步数，纵坐标是以分贝形式表示的系统估计输出误差。输入为方差等于 9 的白噪声信号。在不考虑系统的测量噪声的条件下，其真实系统参数和估计参数之差等于 $\left(\tilde{b}_0 \quad \tilde{b}_1 \quad \tilde{b}_2 \quad \tilde{a}_1 \quad \tilde{a}_2\right)=\left(1.021 \quad -1.990 \quad 0.868 \quad -1.815 \quad 1.814\right)\times 10^{-9}$，从这里可以看出，系统估计参数的误差非常小，可以忽略不计。

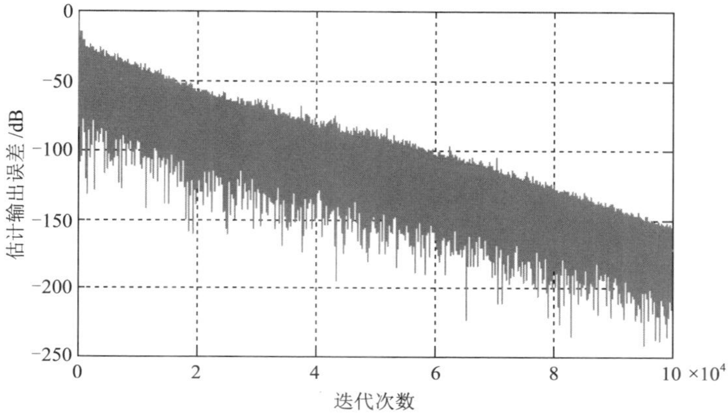

图 8-3　示例 1 条件下平衡自适应 IIR 滤波器算法的学习曲线

示例 2　在系统的测量噪声不可忽略的条件下，假定系统测量噪声的方差等于1×10^{-4}，系统参数迭代步长μ等于1×10^{-5}，其他的条件同示例 1 相同。图 8-4 给出了平衡自适应 IIR 滤波器算法的学习曲线，说明系统估计输出误差信号快速收敛到最小值。图 8-5 给出了实际和估计系统的幅-相响应曲线。仿真的结果表明很难发现实际和估计系统的幅-相响应曲线之间的不同。系统参数的估计误差等于

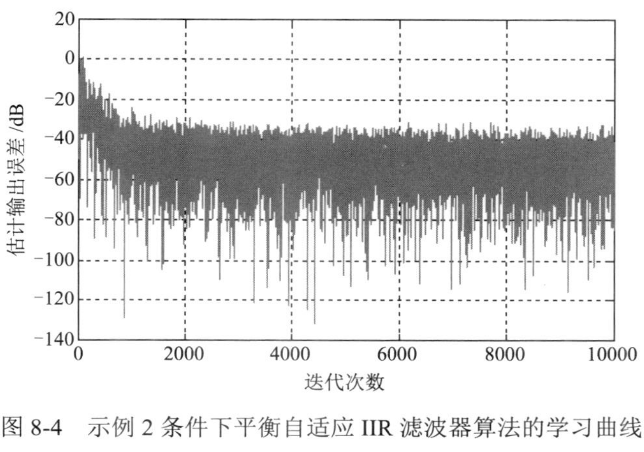

图 8-4　示例 2 条件下平衡自适应 IIR 滤波器算法的学习曲线

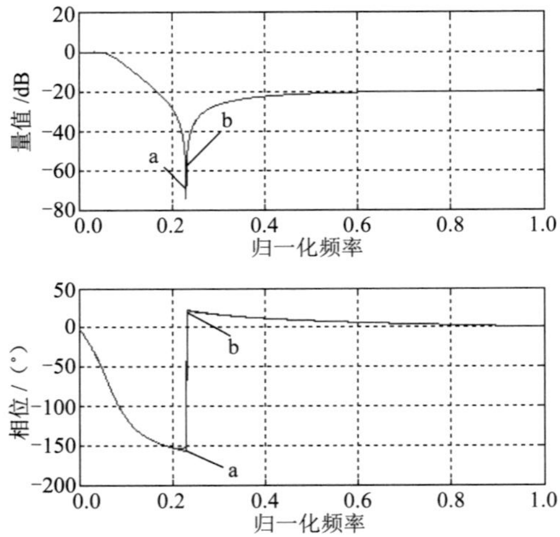

a—实际系统响应；b—在系统测量噪声不能忽视的条件下，估计输出的系统响应。

图 8-5　示例 2 实际和估计系统的幅-相响应曲线

$\left(\tilde{b}_0 \quad \tilde{b}_1 \quad \tilde{b}_2 \quad \tilde{a}_1 \quad \tilde{a}_2\right)=\left(0.335 \quad -1.242 \quad 1.842 \quad 5.261 \quad -4.397\right)\times 10^{-4}$。因此，可以忽略系统参数的估计误差。

示例 3　假设实际离散时间系统为一个二阶的系统，其系统传递函数为

$$\tilde{G}(z)=\frac{1}{1+0.15z^{-1}-0.6z^{-2}} \tag{8-27}$$

平衡自适应 IIR 滤波器的阶次同实际系统一样，也为二阶的结构。选择平衡系统的参数迭代步长 μ 等于 1×10^{-4}，输入信号是方差等于 1 的白噪声信号，在此示例中不考虑系统的测量噪声。图 8-6 给出了平衡自适应 IIR 滤波器算法的学习曲线。仿真结果表明平衡自适应 IIR 滤波器的估计输出误差信号一直处于收敛的

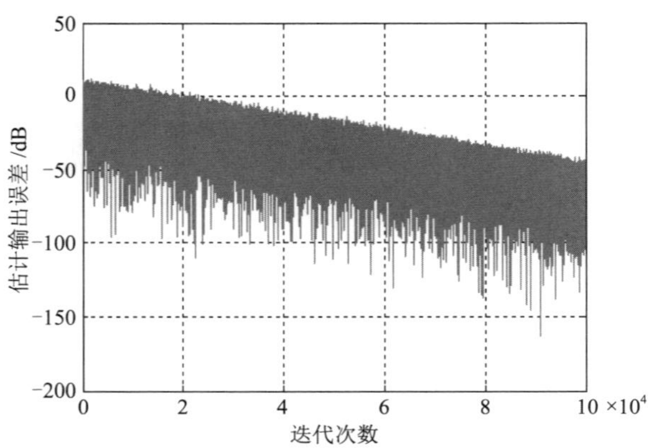

图 8-6　示例 3 条件下平衡自适应 IIR 滤波器算法的学习曲线

状态，说明本章所研究的平衡自适应 IIR 滤波器结构具有非常好的抗噪性能。

示例 4　假设实际离散时间系统为一个二阶全通滤波器结构，其系统传递函数为

$$\tilde{G}(z)=\frac{-0.6+0.25z^{-1}+z^{-2}}{1+0.25z^{-1}-0.6z^{-2}} \tag{8-28}$$

平衡自适应 IIR 滤波器的阶次也为二阶的结构。选择系统的参数迭代步长 μ 等于 1×10^{-4}，输入信号是方差等于 1 的白噪声信号，不考虑系统的测量噪声。图 8-7 给出了所研究的平衡自适应 IIR 滤波器算法的学习曲线。仿真结果表明，所分析的平衡自适应 IIR 滤波器的估计输出误差信号处于收敛的状态，尽管系统的参数迭代步长 μ 的值很小，估计的系统输出误差信号仍然快速的收敛。

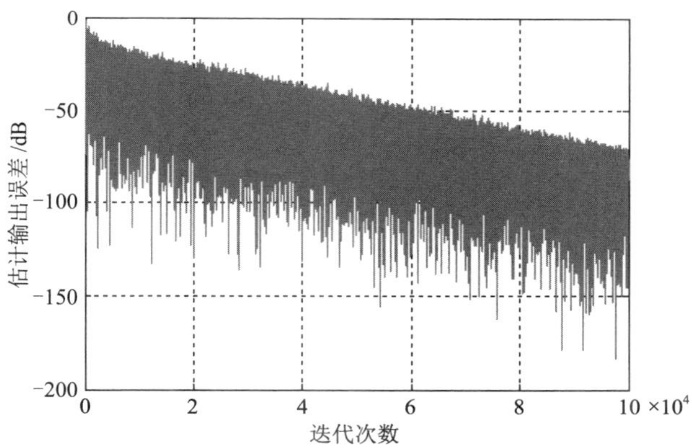

图 8-7　示例 4 条件下平衡自适应 IIR 滤波器算法的学习曲线

仿真的结果表明，尽管平衡自适应 IIR 滤波器的参数迭代步长 μ 选择得非常小，示例 2 说明了平衡自适应 IIR 滤波算法仍然可以快速收敛到系统估计输出的最小误差。在示例 1、示例 3 和示例 4 中，可以看出收敛的曲线是一条大约下降的直线，说明了平衡自适应 IIR 滤波算法中可能有一个迭代下降的常数。这个常数可以反映出平衡自适应 IIR 滤波器算法收敛速度的快慢，这与自适应滤波 APA 算法类似。平衡自适应 IIR 滤波器仿佛采用平衡系统的 $(2N+1)$ 个参数迭代系统的 (N^2+2N+1) 个参数，这也解释了平衡自适应 IIR 滤波器应当具有非常好的抗噪特性。同时由于自适应 IIR 滤波器的参数每一步迭代都最小化了 Gram 矩阵的最大与最小特征值的比率，平衡自适应 IIR 滤波算法可以收敛到系统估计输出信号的最小误差。

8.4　本 章 小 结

本章研究建立了一种平衡自适应 IIR 滤波器结构，由于其参数是一个内部平衡实现的结构，确保了平衡自适应 IIR 滤波器的参数每一步迭代都最小化了 Gram 矩阵的最大与最小特征值的比率。因此，这加速了平衡自适应 IIR 滤波器的快速收敛，使得设计的平衡自适应 IIR 滤波器最小化了输出信号的均方误差。其中离散时间平衡系统的可控 Gram 矩阵和可观 Gram 矩阵始终相等，并且都为对角矩阵。由于所研究的平衡自适应 IIR 滤波器结构的参数直接来自于离散时间系统传递函数的参数，所以参数选择的方法非常简单有效。本算法的缺点是需要稳定性的控制，通过减小迭代步长参数使得平衡自适应 IIR 滤波器达到稳定。

第 9 章　基于输入平衡实现的一种自适应 IIR 滤波器

自适应 IIR 滤波器的收敛性和稳定性与滤波器的参数和结构有很大的联系，不同参数或者不同结构的实现具有不同的敏感度和不同的数字特征。由于四乘网格滤波器结构的收敛性和稳定性[9,13,101]，使得它在自适应 IIR 滤波器结构的设计中获得了广泛的应用，特别是全通滤波器结构。在本章中，通过分析系统的动态范围约束和四乘网格滤波结构，讨论了一种基于输入平衡实现的自适应 IIR 滤波器结构。本章的内容安排如下：9.1 节对系统的动态范围约束和噪声信号进行了分析；9.2 节给出了输入平衡实现的方法，说明了输入平衡实现算法与 9.1 节中对系统的动态范围约束的分析结果一致；9.3 节基于输入平衡实现的方法，讨论了一种新的自适应 IIR 滤波器结构；9.4 节对所讨论的基于输入平衡实现的自适应 IIR 滤波器结构在仿真软件 MATLAB 中进行了验证，证明了滤波器结构的有效性；9.5 节对本章的工作进行了总结。

9.1　动态范围约束

为了可读性和独立性，本章所讨论的基于输入平衡实现的自适应 IIR 滤波器结构依据文献[79]、[102]～[104]中分析的系统动态范围约束，在本节中再简单地叙述一次。

一个 N 阶线性时不变离散时间 SISO 系统的传递函数可以表示为

$$\mathrm{G}(z)=\frac{q_N(z)}{p_N(z)}=\frac{b_0+b_1z^{-1}+\cdots+b_Nz^{-N}}{1+a_1z^{-1}+\cdots+a_Nz^{-N}} \tag{9-1}$$

系统传递函数（9-1）的状态空间方程描述形式为

$$\begin{cases}\boldsymbol{x}_{n+1}=\boldsymbol{A}\boldsymbol{x}_n+\boldsymbol{b}u_n\\ y_n=\boldsymbol{c}\boldsymbol{x}_n+du_n\end{cases} \tag{9-2}$$

式中，矩阵 $\boldsymbol{A}$、$\boldsymbol{b}$、$\boldsymbol{c}$ 分别表示 $N\times N$ 、$N\times 1$ 和 $1\times N$ 的常实数系统矩阵；d 表示一个常实数；u_n 和 y_n 分别是系统的输入和输出信号；$\boldsymbol{x}_n$ 表示一个 N 维的状态变量。用有限长度方法实现的实际状态空间滤波器可以表示为

$$\begin{cases}\overline{\boldsymbol{x}}_{n+1}=\boldsymbol{A}\overline{\boldsymbol{x}}_n+\boldsymbol{b}u_n+\boldsymbol{\beta}_n\\ \overline{y}_n=\boldsymbol{c}\overline{\boldsymbol{x}}_n+du_n+\gamma_n\end{cases} \tag{9-3}$$

式中，$\boldsymbol{\beta}_n$ 表示 N 维的误差向量；γ_n 表示 1 维的误差信号；$\bar{\boldsymbol{x}}_n$ 表示实际系统的状态变量；$\bar{y}_n$ 表示实际系统的输出信号。

定义系统状态变量和输出信号的误差分别等于

$$\tilde{\boldsymbol{x}}_n = \bar{\boldsymbol{x}}_n - \boldsymbol{x}_n \tag{9-4a}$$

和

$$\tilde{y}_n = \bar{y}_n - y_n \tag{9-4b}$$

假设 $\tilde{\boldsymbol{x}}_0 = 0$，根据式（9-4），由式（9-3）减去式（9-2），可得

$$\tilde{y}_n = \boldsymbol{c}\sum_{l=0}^{n-1}\boldsymbol{A}^{(n-l-1)}\boldsymbol{\beta}_l + \gamma_n \tag{9-5}$$

一种常用的评估系统噪声对实际系统影响的方法是估计噪声的方差。在通常条件下，假设系统噪声是白噪声信号，每一个噪声源和每一个时间点的统计都相互独立。因此，由式（9-5）可得滤波器的系统噪声增益等于

$$\boldsymbol{M} = \sum_{j=0}^{\infty}\boldsymbol{c}\boldsymbol{A}^j\boldsymbol{Q}(\boldsymbol{A}^j)^{\mathrm{T}}\boldsymbol{c}^{\mathrm{T}} \tag{9-6}$$

其中 $\boldsymbol{Q}$ 是一个对角矩阵。系统 $(\boldsymbol{A}, \boldsymbol{b}, \boldsymbol{c}, d)$ 的不同结构的相等实现方式可以表示为 $(\boldsymbol{T}^{-1}\boldsymbol{A}\boldsymbol{T}, \boldsymbol{T}^{-1}\boldsymbol{b}, \boldsymbol{c}\boldsymbol{T}, d)$，其中 $\boldsymbol{T}$ 表示一个任意非奇异矩阵。因此，可获得新的系统状态变量等于

$$\boldsymbol{x}_n' = \boldsymbol{T}^{-1}\boldsymbol{x}_n \tag{9-7}$$

新系统的噪声增益等于

$$\boldsymbol{M}' = \sum_{j=0}^{\infty}\boldsymbol{c}\boldsymbol{A}^j\boldsymbol{T}\boldsymbol{Q}'\boldsymbol{T}^{\mathrm{T}}(\boldsymbol{A}^j)^{\mathrm{T}}\boldsymbol{c}^{\mathrm{T}} \tag{9-8}$$

其中矩阵 $\boldsymbol{Q}'$ 与矩阵 $\boldsymbol{Q}$ 分别表示不同的系统，说明了系统结构可能的变化。根据式（9-7）和式（9-8），可知系统状态变量的振幅与噪声增益的大小成反比。因此，在一个好的滤波器结构设计中，在不导致输出信号失真的条件下，应当使系统状态变量的动态范围被充分的利用。为了防止输出信号的失真，系统状态变量的变化范围需要严格的设计[105]。下面部分将给出一种输入信号服从 2 范数的分析方法，其与式（9-8）的转换方法分析一致。

假定当参数 $k<0$ 时，输入信号 $u_k = 0$。设 $\boldsymbol{f}_k$ 是系统（9-2）的冲激响应向量，即

$$\boldsymbol{f}_k = \boldsymbol{A}^k\boldsymbol{b} \tag{9-9}$$

因此，可得下面的方程式

$$\boldsymbol{x}_n=\sum_{k=0}^{n-1}\boldsymbol{f}_k u_{n-k-1};\quad n\geqslant 1 \tag{9-10}$$

假定输入信号的序列 u_k 服从 2 范数，定义为

$$\|u_k\|_2=\left\{\sum_{k=0}^{n-1}|u_k|^2\right\}^{1/2} \tag{9-11}$$

根据 Holder 不等式和式（9-10），可得下面的不等式

$$|\boldsymbol{x}_n|\leqslant\|\boldsymbol{f}_k\|_2\|u_k\|_2 \tag{9-12}$$

一个上限限制的充分条件是转换后的系统冲激响应向量等于

$$\|\boldsymbol{f}_k'\|_2=(1,1,\cdots,1)^{\mathrm{T}}\qquad \boldsymbol{f}_k'=\boldsymbol{T}^{-1}\boldsymbol{A}^k\boldsymbol{b} \tag{9-13}$$

如果输入信号的序列满足关系式 $\|u_k\|_2\leqslant M$，可得

$$|\boldsymbol{x}_k|\leqslant M(1,1,\cdots,1)^{\mathrm{T}};\ 1\leqslant k\leqslant n \tag{9-14}$$

因此，转换后的自适应滤波器结构 $\left(\boldsymbol{T}^{-1}\boldsymbol{AT},\ \boldsymbol{T}^{-1}\boldsymbol{b},\ \boldsymbol{cT},\ d\right)$ 必须满足下面的关系式

$$\sum_{j=0}^{\infty}(\boldsymbol{T}^{-1}\boldsymbol{A}^j\boldsymbol{b})(\boldsymbol{T}^{-1}\boldsymbol{A}^j\boldsymbol{b})=(1,1,\cdots,1)^{\mathrm{T}} \tag{9-15}$$

9.2　输入平衡实现

系统（9-2）的可控 Gram 矩阵等于

$$\boldsymbol{K}=\sum_{j=0}^{\infty}\boldsymbol{A}^j\boldsymbol{b}(\boldsymbol{A}^j\boldsymbol{b})^{\mathrm{T}} \tag{9-16}$$

其满足 Lyapunov 方程式

$$\boldsymbol{K}=\boldsymbol{AKA}^{\mathrm{T}}+\boldsymbol{bb}^{\mathrm{T}} \tag{9-17}$$

如果可控 Gram 矩阵 $\boldsymbol{K}$ 满足

$$\boldsymbol{K}=\boldsymbol{I}_N \tag{9-18}$$

系统（9-2）称为输入平衡实现[13]，其中 $\boldsymbol{I}_N$ 是一个 $N\times N$ 单位矩阵。如果把输入平衡实现的算法应用到系统结构的设计中去，称为一种系统结构的输入平衡实现，简称为输入平衡系统。因此，如果转换后的自适应滤波器 $\left(\boldsymbol{T}^{-1}\boldsymbol{AT},\ \boldsymbol{T}^{-1}\boldsymbol{b},\ \boldsymbol{cT},\ d\right)$ 是一个输入平衡系统，则可控 Gram 矩阵是一个单位矩阵

$$\boldsymbol{K}'=\sum_{j=0}^{\infty}(\boldsymbol{T}^{-1}\boldsymbol{A}^j\boldsymbol{b})(\boldsymbol{T}^{-1}\boldsymbol{A}^j\boldsymbol{b})^{\mathrm{T}}=\boldsymbol{I}_N \tag{9-19}$$

依据式（9-19），可知输入平衡实现的方法满足关系式（9-15），服从系统的动态范围的约束。

根据文献[9]，可知四乘网格滤波器是一个输入平衡实现的结构，其结构如图 9-1 所示，系统一直处于稳定状态。u_n 是输入信号，如果 y_{n1} 是输出信号，图 9-1 表示一个全极点滤波器结构，分子等于 $\cos\theta_1, \cos\theta_2, \cdots, \cos\theta_N$。如果 y_{n2} 是输出信号，图 9-1 表示一个全通滤波器结构。因此，四乘网格滤波器结构具有非常好的抗噪性能。在 9.3 节中四乘网格滤波器结构将被用于设计基于输入平衡实现的自适应 IIR 滤波器。

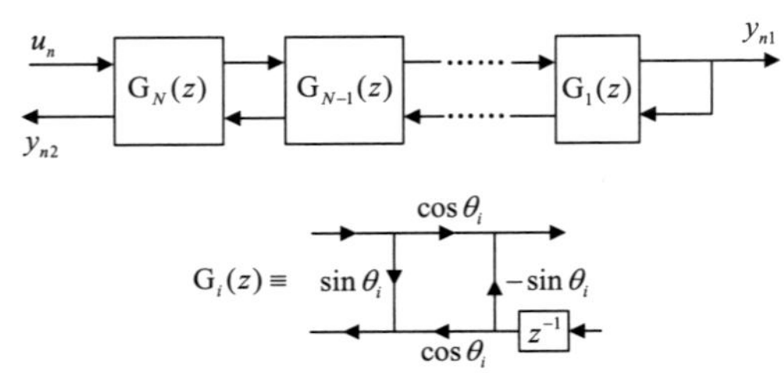

图 9-1　四乘网格滤波器结构

9.3　自适应 IIR 滤波器结构

图 9-2 表示一种基于四乘网格结构的自适应 IIR 滤波器。u_n 和 y_n 分别表示未知系统的输入和输出信号，ε_n 表示系统的测量噪声，e_n 表示基于输入平衡实现的自适应 IIR 滤波器的估计输出误差信号。

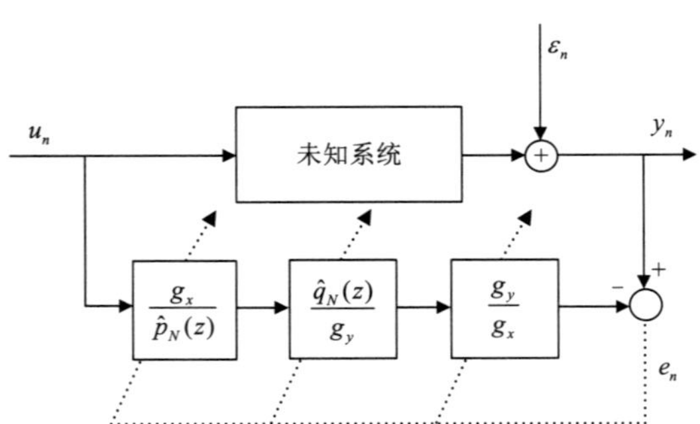

图 9-2　基于输入平衡实现的自适应 IIR 滤波器结构

基于输入平衡实现的自适应 IIR 滤波器的估计输出误差信号定义为

$$e_n = y_n - \frac{\hat{q}_N(z)}{\hat{p}_N(z)} u_n \tag{9-20}$$

由式（9-20），得

$$e_n = y_n - \frac{g_y}{g_x} \frac{\hat{q}_N(z)}{g_y} \frac{g_x}{\hat{p}_N(z)} u_n \tag{9-21}$$

式中，$g_x = \cos\theta_1, \cos\theta_2, \cdots, \cos\theta_N$，$g_y = \cos\hat{\theta}_1, \cos\hat{\theta}_2, \cdots, \cos\hat{\theta}_N$；多项式 $\hat{p}_N(z)$ 和 $\hat{q}_N(z)$ 分别是多项式 $p_N(z)$ 和 $q_N(z)$ 的估计；多项式 $\frac{\hat{q}_N(z)}{g_y}$ 和 $\frac{g_x}{\hat{p}_N(z)}$ 可以被四乘网格滤波器结构实现，但是输入与输出信号的方向正好相反；多项式 $\frac{g_x}{\hat{p}_N(z)}$ 的输入方向的信号是 u_n，输出方向的信号是 y_{n1}；多项式 $\frac{\hat{q}_N(z)}{g_y}$ 的输入方向的信号是 y_{n1}，输出方向的信号是 u_n。

由于自适应滤波 LMS 算法的计算简单和容易实现，它广泛应用于自适应 IIR 滤波器结构的设计中，在本章中也将采用自适应滤波 LMS 算法。因此，可得基于输入平衡实现的自适应 IIR 滤波器的参数迭代方程

$$\theta_{n+1} = \theta_n + \mu e_n \frac{\partial \mathrm{G}(z)}{\partial \theta_i} u_n \tag{9-22}$$

式中，参数 θ_i, $1 \leqslant i \leqslant 2N$ 为向量 $\boldsymbol{\theta} = \left(\theta_1, \theta_2, \cdots, \theta_N;\ \hat{\theta}_1, \hat{\theta}_2, \cdots, \hat{\theta}_N\right)^{\mathrm{T}}$ 中的一个元素；参数 μ 表示基于输入平衡实现的自适应 IIR 滤波器的迭代步长。由图 9-2 可知基于输入平衡实现的自适应 IIR 滤波器的估计输出的误差信号 e_n 等于

$$e_n = y_n - \tilde{y}_n \tag{9-23}$$

式中，$\tilde{y}_n$ 表示基于输入平衡实现的自适应 IIR 滤波器的估计输出信号。其中图 9-3 给出了四乘网格滤波器结构对参数 θ_i 的导数。

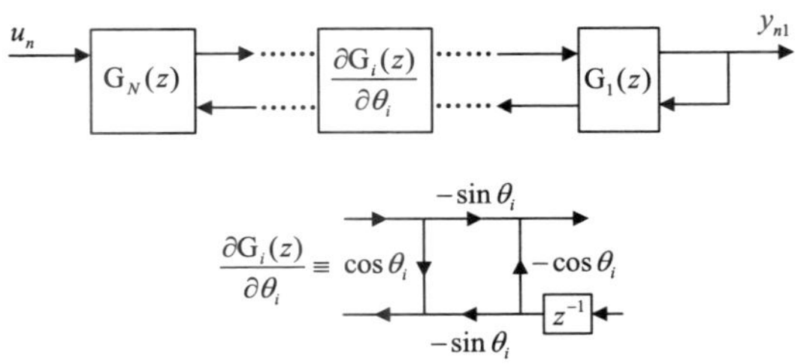

图 9-3　四乘网格滤波器结构对参数 θ_i 的导数

四乘网格滤波器结构对参数 $\hat{\theta}_i$ 的导数同对参数 θ_i 的导数类似，只是输入和输出信号方向的不同。因此，同样可以获得系统传递函数 G(z) 对参数 $\hat{\theta}_i$ 的导数。

9.4　仿 真 示 例

本节将在仿真软件 MATLAB 中验证所讨论的基于输入平衡实现的自适应 IIR 滤波器结构，参数迭代步长 μ 等于 0.01。在下面的四个示例中，选择基于输入平衡实现的自适应 IIR 滤波器的阶次都等于 4。因此，基于输入平衡实现的自适应 IIR 滤波器共有 8 个参数需要估计。输入信号选择为一个二阶的 AR 模型，其中 AR 模型的极点分别选择等于 0.6596 和−0.9096，也就是说输入信号是由下面的系统产生

$$H(z)=\frac{1}{1+0.25z^{-1}-0.6z^{-2}} \tag{9-24}$$

示例 1　本示例中不考虑系统的测量噪声，系统的实际权值向量 $\boldsymbol{w}^0=(0.5\quad 0.3\quad 0.2)$。图 9-4 给出了三阶系统模型学习曲线的仿真结果，从图中可以看出所讨论的基于输入平衡实现的自适应 IIR 滤波器的估计输出误差信号收敛到系统的最小。

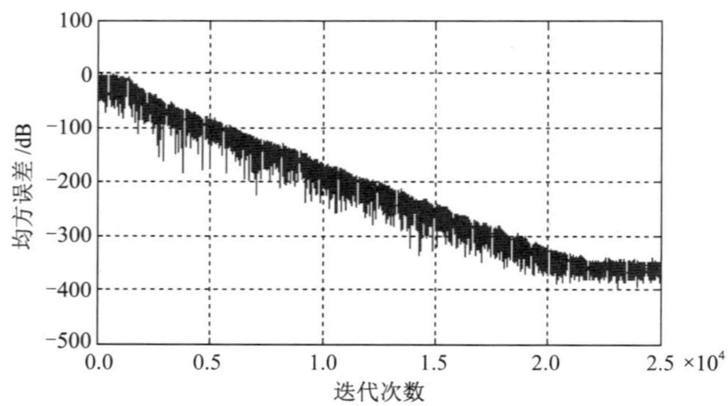

图 9-4　在系统测量噪声可以忽略的条件下，三阶系统模型的学习曲线

示例 2　本示例同示例 1 中的条件相同，但是需要考虑系统的测量噪声。其中系统的测量噪声是方差等于 1×10^{-4} 的白噪声信号。图 9-5 给出了系统的仿真结果，表明基于输入平衡实现的自适应 IIR 滤波器结构具有非常好的抗噪性能，系统估计输出误差信号快速收敛到系统的最小。

示例 3　假定系统的实际权值向量 $\boldsymbol{w}^0=(0.4\quad 0.3\quad 0.2\quad 0.1\quad 0.01)$，并且不考虑系统的测量噪声。图 9-6 给出了五阶系统模型学习曲线的仿真结果，尽管基于输入平衡实现的自适应 IIR 滤波器的阶次小于实际系统的阶次，系统的估计输出

误差信号仍然收敛到全局的最小。

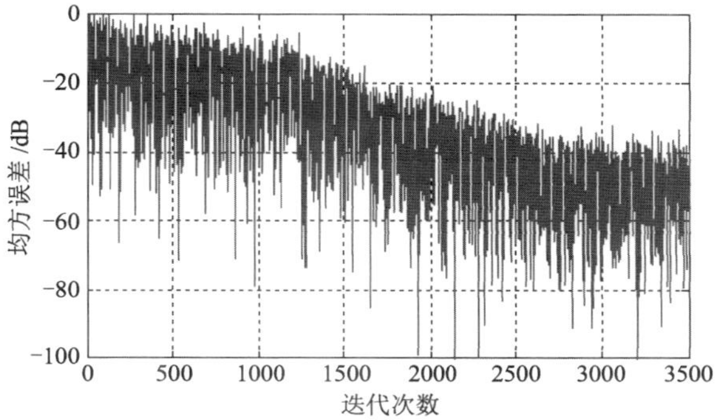

图 9-5　在系统测量噪声不可忽略的条件下，三阶系统模型的学习曲线

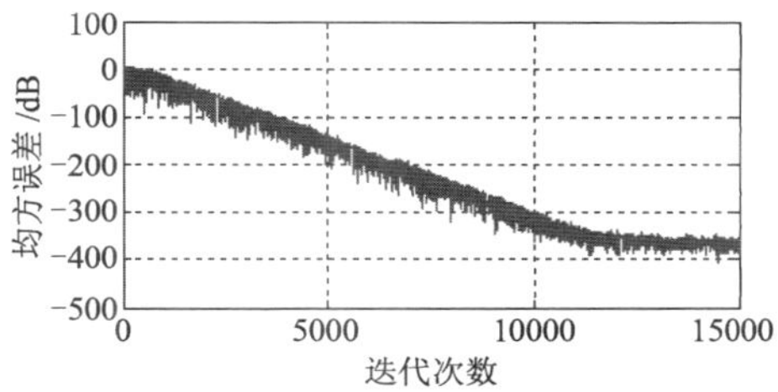

图 9-6　在系统测量噪声可以忽略的条件下，五阶系统模型的学习曲线

示例 4　本示例同示例 3 的条件相同，但是需要考虑系统的测量噪声。系统的测量噪声同示例 2 中的系统测量噪声相同，是方差等于1×10^{-4}的白噪声信号。从图 9-7 的仿真结果可以看出，所讨论的自适应 IIR 滤波器的系统估计输出误差信号快速收敛到最小，说明了此结构具有非常好的抗噪性能。

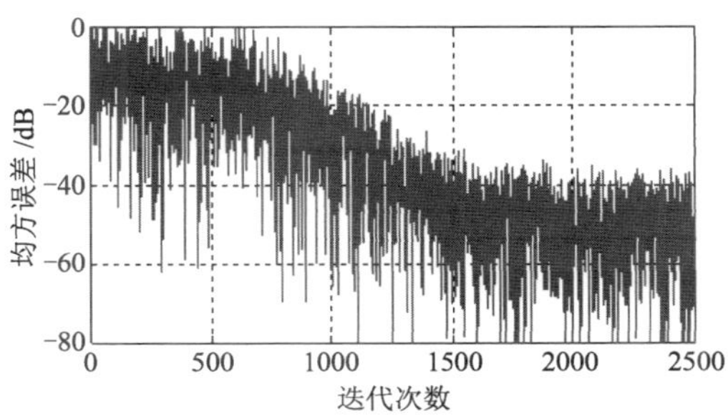

图 9-7　在系统测量噪声不可忽略的条件下，五阶系统模型的学习曲线

9.5 本章小结

本章通过对离散时间系统的动态范围约束和系统噪声信号的分析，讨论了一种基于输入平衡实现算法的自适应 IIR 滤波器结构。通过把系统的传递函数分解为两个多项式变量的乘积，利用四乘网格滤波器结构，分析了一种自适应 IIR 滤波器结构。同时证明了四乘网格滤波器是一种输入平衡实现的结构。仿真的结果表明基于输入平衡实现算法的自适应 IIR 滤波器促进了估计输出误差信号的快速收敛，说明了此结构具有非常好的抗噪性能。

参 考 文 献

[1] SLOCK D T M. On the convergence behavior of the LMS and the normalized LMS algorithms[J]. IEEE Transactions on Signal Processing, 1993, 41(9): 2811-2825.

[2] TARRAB M, FEUER A. Convergence and performance analysis of the normalized LMS algorithm[J]. IEEE Transactions on Information Theory, 1988, 34(4): 680-691.

[3] SANKARAN S G, BEEX A A L. Convergence behavior of affine projection algorithms[J]. IEEE Transaction on Signal Processing, 2000, 48(4): 1086-1096.

[4] ALMEIDA J M D, BERMUDEZ J C M, BERSHAD N J. A statistical analysis of the affine projection algorithm for unity step size and autoregressive inputs[J]. IEEE Transaction on Circuits and Systems, 2005, 52(7): 1394-1405.

[5] DEBRUNNER V E, BEEX A A L. Sensitivity analysis of digital filter structures[J]. Society for Industrial and Applied Mathematics, 1988, 9(1): 106-125.

[6] JOHNS D A, SNELGROVE W M, SEDRA A S. Adaptive recursive state-space filters using a gradient-based algorithm[J]. IEEE Transactions on Circuits and Systems, 1990, 37(6): 673-684.

[7] ZHANG J Y, STEENAART W. Adaptive recursive state-space filtering[C]// Circuits and Systems, 1990. Proceedings of the 33rd Midwest Symposium on, 1990: 1-4.

[8] DEBRUNNER V E. Parameter sensitivity, estimation and convergence: An information approach [D]. Virginia Tech, 1990.

[9] REGALIA P A. Adaptive IIR filtering in signal processing and control[J]. Australian Electronics Engineering, 1995(7):28.

[10] MOORE B C. Principal component analysis in linear systems: Controllability, observability, and model reduction[J]. IEEE Transactions on Automatic Control, 1981, 26(1): 17-32.

[11] OZEKI K, UMEDA T. An adaptive filtering algorithm using an orthogonal projection to an affine subspace and its properties[J]. Electronics and Communication in Japan, 1984, 67(5):19-27.

[12] RUPP M. A family of adaptive filter algorithms with decorrelating properties[J]. IEEE Transaction on Signal Processing, 1998, 46(3): 771-775.

[13] ZHOU J, LI G. Input balanced realization based adaptive IR filters with guaranteed stability[C]// International Conference on Information Communications & Signal Processing.IEEE, 2005: 913-916.

[14] KRATZER S G, MORGAN D R. The partial-rank algorithm for adaptive beamforming[J]. Proceedings of the SPIE International Society for Optical Engineering, 1986,564:9-14.

[15] MORGAN D R, KRATZER S G. On a class of computationally efficient, rapidly converging, generalized NLMS algorithms[J]. IEEE Signal Processing Letters, 1996, 3(8): 245-247.

[16] SANKARAN S G, BEEX A A L. Fast generalized affine projection algorithm[J]. International Journal of Adaptive Control and Signal Processing, 2000, 14(6): 623-641.

[17] GAY S L, TAVATHIA S. The fast affine projection algorithm[C]// Proceedings of International Conference on Acoustics, Speech, and Signal Processing, May 09-12,1995,Detroit, MI, U.S.A., 1995: 3023-3026.

[18] ALBU F, KOTROPOULOS C, CERNEKOVA Z, et al. New affine projection algorithms based on gauss-seidel method[J]. International Symposium on Signals, Circuits and Systems, Iasi, Romania, 2005: 565-568.

[19] BESBES H, JEMAA Y B, JAIDANE M. Exact convergence analysis of affine projection algorithm: The finite alphabet inputs case[C]// Proceedings of IEEE International Conference on Acoustics, Speech, and Signal Processing, Phoenix, AZ, U.S.A., 1999: 1669-1672.

[20] SHIN H C, SAYED A H. Mean-square performance of a family of affine projection algorithms[J]. IEEE Transactions on Signal Processing, 2004, 52(1): 90-102.

[21] BEEX A A L, SANKARAN S G. On affine projection direction vector (Non-) whiteness[C]// Proceedings of 38th Asilomar Conference on Signals, Systems and Computer, Pacific Grove, CA, U.S.A., 2004: 251-258.

[22] BERSHAD N J, LINEBARGER D, MCLAUGHLIN S. A stochastic analysis of the affine projection algorithm for Gaussian autoregressive input[C]// Proceedings of IEEE International Conference on Acoustics, Speech, and Signal Processing, Salt Lake City, UT, U.S.A., 2001: 3837-3840.

[23] ALMEIDA S J M D, ALMEIDA J C M, BERMUDEZ N J, et al. Stochastic model for the convergence behavior of the affine projection algorithm for gaussian inputs[J]. IEEE International Conference on Acoustics, Speech, and Signal Processing, 2003: 313-316.

[24] UMOH I J, OGUNFUNMI T. Lower bounds for the MSE convergence of APA[J]. IEEE International Symposium on Circuits and Systems, 2006:3482-3485.

[25] SEONGEUN K, SEJIN K, WOOJIN S. An affine projection algorithm with evolving order[J]. IEEE Signal Processing Letters, 2009, 16(11): 937-940.

[26] FERRER M, GONZALEZ A, DIEGO M, et al. Fast affine projection algorithms for filtered-x multichannel active noise control[J]. IEEE Transactions on Audio, Speech and Language Processing, 2008, 16(8): 1396-1408.

[27] PALEOLOGU C, BENESTY J, CIOCHINA S. A variable step-size affine projection algorithm designed for acoustic echo cancellation[J]. IEEE Transactions on Audio, Speech and Language Processing, 2008, 16(8): 1466-1478.

[28] LEE J, PARK Y C, YOUN D H. Robust pseudo affine projection algorithm with variable step-size[J]. Electronics Letters, 2008, 44(3): 250-251.

[29] LI L L, CHAMBERS J A, LOPES C G, et al. Distributed estimation over an adaptive incremental network based on the affine projection algorithm[J]. IEEE Transactions on Signal Processing, 2010, 58(1): 151-164.

[30] FAN Y, Zhang J. Variable step-size affine projection algorithm with exponential smoothing factors[J]. Electronics Letters, 2009, 45(17): 911-913.

[31] MOORE B C. Singular value analysis of linear systems[J]. IEEE Conference on Decision and Control Including the 17th Symposium on Adaptive Processes, 1978, 17(1): 66-73.

[32] PERNEBO L, SILVERMAN L M. Model reduction via balanced state space representations[J]. IEEE Transactions on Automatic Control, 1982, 27(2): 382-387.

[33] VERRIEST E, KAILATH T. On generalized balanced realizations[J]. IEEE Transactions on Automatic Control, 1983, 28(8): 833-844.

[34] LAUB A J, HEATH M T, PAIGE C C, et al. Computation of system balancing transformations and other applications of simultaneous diagonalization algorithms[J]. IEEE Transactions on Automatic Control, 1987, 32(2): 115-122.

[35] OBINATA G, ANDERSON B D O. Model reduction for control system design[M]. London: Springer Publication, 2001.

[36] THERAPOS C P. Internally balanced minimal realization of discrete SISO systems[J]. IEEE Transactions on Automatic Control, 1985, 30(3): 297-299.

[37] THERAOPOS C P. Balanced realization of stable transfer function matrices[J]. IEEE Transactions on Automatic Control, 1992, 37(2): 281-285.

[38] KABAMBA P. Balanced forms: Canonicity and parameterization[J]. IEEE Transactions on Automatic Control, 1985, 30(11): 1106-1109.

[39] OBER R J. Balanced realizations: Canonical form, parameterization, model reduction[J]. International Journal of Control, 1987, 46(2): 643-670.

[40] FUJIMOTO K, TSUBAKINO D. On computation of nonlinear balanced realization and model reduction[C]// Proceedings of the American Control Conference, Minneapolis, MN, U.S.A.,2006: 460-465.

[41] VERRIEST E I, GRAY W S. Nonlinear balanced realizations[J]. IEEE Conference on Decision and Control, 2004, 2: 1164-1169.

[42] FUJIMOTO K, SCHERPEN J M A. Nonlinear balanced realization based on singular value analysis of hankel operators[J]. IEEE Conference on Decision and Control, 2003, 6: 6072-6077.

[43] THIELE L. On the sensitivity of linear state-space systems[J]. IEEE Transactions on Circuits and Systems, 1986, 33(5): 502-510.

[44] LAM J, YANG G H. Balanced realizations of symmetric composite systems[C]// Proceedings of the American Control Conference, Albuquerque, NM, U.S.A., 1997: 3572-3576.

[45] ZHOU Q G, DAVISON E J. Balanced realization of laguerre network models[C]// Proceedings of the American Control Conference, Chicago, IL, U.S.A., 2000: 2874-2878.

[46] GAWRONSKI W. Balanced control of flexible structures[M]. New York: Springer-Verlag Publication, 1996.

[47] HALEVI Y. Approximated gramians and balanced realization of lightly damped flexible structures[J]. IEEE Transactions on Automatic Control, 2002, 47(1): 193-198.

[48] MOONEN M, RAMOS J. A subspace algorithm for balanced state space system identification[J]. IEEE Transactions on Automatic Control, 1993, 38(11): 1727-1729.

[49] BURT P M S. Inverse identification adaptive IIR filtering: Convergence speed analysis and successive approximations algorithm[C]// Proceedings of IEEE International Conference on Acoustics, Speech and Signal Processing, Honolulu, HI, U.S.A., 2007: 1309-1312.

[50] ANG E J, SREERAM V, LIU W Q. Identification/Reduction to a balanced realization via the extended impulse response gramian[J]. IEEE Transactions on Automatic Control, 1995, 40(12): 2153-2158.

[51] NINNESS B M, GUSTAFSSON F. A unifying construction of orthonormal bases for system identification[J]. IEEE Transactions on Automatic Control, 1997, 42(4): 515-521.

[52] OLIVI M, MARMORAT J P, HANZON B. Schur parametrizations and balanced realizations of real discrete-time stable all-pass systems[J]. IEEE Conference on Decision and Control, 2003, 1: 122-126.

[53] PEETERS R L M, HANZON B, OLIVI M. Balanced realizations of discrete-time stable all-pass systems and the tangential schur algorithm[J]. Linear Algebra and Its Applications, 2006, 418(2-3): 793-820.

[54] DEHKORDI V R, AGHDAM A G. A computationally efficient algorithm for order-reduction of IIR filters using control techniques[C]// Proceedings of IEEE Conference on Control Applications, Toronto, Canada, 2005: 898-903.

[55] DEHKORDI V R, AGHDAM A G, BOULET B. A model reduction technique for IIR filters using balanced realization[C]// Proceedings of American Control Conference, New York, NY, U.S.A., 2007: 2899-2904.

[56] SANDBERG H, RANTZER A. Balanced truncation of linear time-varying systems[J]. IEEE Transactions on Automatic Control, 2004, 49(2): 217-229.

[57] FUJIMOTO K, ONO S. On balanced realization and finite-dimensional approximation for infinite-dimension nonlinear systems[C]// Processing of IEEE Conference on Decision and Control, Cancun, Mexico, 2008: 4215-4220.

[58] HARRISON J. A frequency-domain approach to frequency-weighted balanced realization[J]. IEEE Transactions on Circuits and Systems I: Fundamental Theory and Applications, 2003, 50(5): 655-662.

[59] OLIVI M, HANZON B, PEETERS R L M. Lossless scalar functions: Boundary interpolation, schur algorithm and Ober's canonical form[C]// Proceedings of the 47th IEEE Conference on Decision and Control, Cancun, Mexico, 2008: 1845-1850.

[60] LI G, HUANG C G, HUA J Y, et al. A novel structure for 2nd order digital filters[C]// Proceedings of IEEE Asia Pacific Conference on Circuits and Systems, Macao, China, 2008: 874-877.

[61] MULLIS C T, ROBERTS R A. Synthesis of minimum round-off noise fixed point digital filters[J]. IEEE Transactions on Circuits and Systems, 1976, 23(9): 551-562.

[62] HAYKIN S. Adaptive filter theory[M]. 4th ed. New Jersey: Prentice Hall Publication, 2002.

[63] ANDERSON B D O, MOORE J B. Optimal filtering[M]. New York: Dover Publication, 2005.

[64] JONHNSON C J. Adaptive IIR filtering: Current results and open issues[J]. IEEE Transactions on Information Theory, 1984, 30(2): 237-250.

[65] ANDERSON B D O, JURY E I, MANSOUR M. Schwarz matrix properties for continuous and discrete time systems[J]. International Journal of Control, 1976, 23(1): 1-16.

[66] JOHND M, AUGUSTINE H G. Fixed-point implementation algorithms for a class of orthogonal polynomial filter structures[J]. IEEE Transactions on Signal Processing, 1975, 23(5): 486-494.

[67] JR A G, MARKEL J D. A normalized digital filter structure[J]. IEEE Transactions on Signal Processing, 1975, 23(3): 268-277.

[68] BURT P M S, REGALIA P A. Adaptive IIR filtering: Convergence speed properties in the undermodelled case[J]. IEEE International Conference on Signal Processing, 2005, 4: 45-48.

[69] BURT P M S, REGALIA P A. A new framework for convergence analysis and algorithm development of adaptive IIR filters[J]. IEEE Transactions on Signal Processing, 2005, 53(8): 3129-3140.

[70] SANKARAN S G, BEEX A A L. Balanced-realization based adaptive IIR filtering[C]// IEEE International Conference on Acoustics, Speech and Signal Processing, Phoenix , AZ , U.S.A., 1999: 1837-1840.

[71] SANKARAN S G. On ways to improve adaptive filter performance[D]. Virginia Polytechnic Institute and State University, 1999.

[72] ISHII R, KAKISHITA M. A design method for a periodically time-varying digital filter for spectrum scrambling[C]// IEEE Transactions on Acoustics, Speech, and Signal Processing, 1990, 38(7): 1219-1222.

[73] CROCHIERE R E, RABINER L R. Multirate digital signal processing[M]. New Jersey: Prentice-Hall Publication, 1983.

[74] VAIDYANATHAN P P, MITRA S K. Polyphase networks, block digital filtering, LPTV systems, and alias-free QMF banks: A unified approach based on pseudocirculants[J]. IEEE Transactions on Acoustics, Speech, and Signal Processing. 1988, 36(3): 381-391.

[75] YANG X, KAWAMATA M, HIGUCHI T. Balanced realizations and model reduction of periodically time-varying state-space digital filters[J]. IEE Proceedings on Vision, Image and Signal Processing, 1996, 143(6): 370-376.

[76] KAWAMATA M, HIGUCHIT. A unified approach to the optimal synthesis of fixed-point state-space digital filters[J]. IEEE Transactions on Acoustics, Speech, and Signal Processing, 1985, 33(4): 911-920.

[77] KAWAMATA M, HIGUCHI T. On the absence of limit cycles in a class of state-space digital filters which contains minimum noise realizations[J]. IEEE Transactions Acoustics, Speech, Signal Processing, 1984, 32(4): 928-930.

[78] IWATSUKI M, KAWAMATA M, HIGUCHI T. Statistical sensitivity and minimum sensitivity structures with fewer coefficients in discrete time linear systems[J]. IEEE Transactions on Circuits and Systems, 1990, 37(1): 72-80.

[79] HWANG S Y. Minimum uncorrelated unit noise in state-space digital filtering[J]. IEEE Transactions on Acoustics, Speech, and Signal Processing, 1977, 25(4): 273-281.

[80] CONSTANTINIDES A. Spectral transformations for digital filters[J]. Proceedings of the IEE, 1970, 117(8): 1585-1590.

[81] SWAMY M N S, THYAGARAJAN K S. Frequency transformations for digital filters[J]. Proceedings of the IEEE , 1977, 65(1): 165-166.

[82] MOORER J. General spectral transformations for digital filters[J]. IEEE Transactions on Acoustics, Speech, and Signal Processing, 1981, 29(5): 1092-1094.

[83] MULLIS C T, ROBERTS R A. Roundoff noise in digital filters: Frequency transformations and invariants[J]. IEEE Transactions on Acoustics, Speech, Signal Processing, 1976, 24(6): 538-550.

[84] HOCHAN K, CHONGHO C, SANGROK O, et al. Minimal balanced realization of SISO systems using closed-form gramians[J]. American Control Conference, Seattle, WA, U.S.A., 1995: 1837-1841.

[85] LI G, WAN C, BI G. Design of stable adaptive recursive filters using a new parameterization of 2nd order balanced realizations[C]// International Conference on Information, Communications and Signal Processing, Singapore, 2008: 1-5.

[86] YAMAKI S, ABE M, KAWAMATA M. Explicit expressions of balanced realizations of second-order digital filters with real poles[J]. IEEE Signal Processing Letters, 2008, 15: 465-468.

[87] SAMSON C G, REDDY V U. Fixed point error analysis of the normalized ladder algorithms[J]. IEEE Transactions on Acoustics, Speech, Signal Processing, 1983, 31(5): 1177-1191.

[88] PROBABILITY A. Probability, random variables, and stochastic processes[M]. New York: McGraw-Hill Publication, 1965.

[89] IKUMA T. Non-wiener effects in narrowband interference mitigation using adaptive transversal equalizers[D]. Virginia Polytechnic Institute and State University, 2007.

[90] IKUMA T, T. Ikuma, BEEX A A L, et al. Non-wiener mean weight behavior of LMS transversal equalizers with sinusoidal interference[J]. IEEE Transactions on Signal Processing, 2008, 56(9): 4521-4525.

[91] PTAK V. The discrete time lyapunov equation in controllable canonical form[J]. IEEE Transactions on Automatic Control, 1981, 26(2): 580-581.

[92] BITMEAD R R, WEISS H. On the solution of the discrete-time lyapunov matrix equation in controllable canonical form[J]. IEEE Transactions on Automatic Control, 1979, 24(3): 481-482.

[93] BARNETT S. Polynomials and linear control systems[M]. New York: Marcel Dekker, 1983.

[94] KAILATH T. Linear Systems[M]. New Jersey: Prentice Hall Publication, 1980: 176-177.

[95] FETTWEIS A. Wave digital filters: Theory and practice[J]. Proceedings of the IEEE, 1986, 74(2): 270-327.

[96] YAMAKI S, ABE M, KAWAMAT M. On the absence of limit cycles in state-space digital filters with minimum L2-Sensitivity[J]. IEEE Transactions on Circuits and Systems, 2008, 55(1): 46-50.

[97] YAN B, TAN S X D, MAGAUGHY B. Second-order balanced truncation for passive-order reduction of RLCK circuits[J]. IEEE Transactions on Circuits and Systems, 2008, 55(9): 942-946.

[98] FATMAWATI R, SARAGIH R, BAMBANG Y, et al. Model reduction for infinite dimensional systems using reciprocal transformation[J]. Proceedings of 7th Asian Control Conference, Hong Kong, China, 2009: 1426-1431.

[99] GLOVER K. All optimal hankel-norm approximations to linear multivariable systems and their L^{∞} -Error bounds[J]. International Journal of Control, 1984, 39(6): 1115-1193.

[100] VAN D N P, MORSCHE H G T, MATTHEIJ R R M. Computation of eigenvalue and eigenvector derivatives for a general complex-valued eigensystem[J]. Electronic Journal of Linear Algebra, 2007, 16: 300-314.

[101] ZHOU J, LI G. Input balanced state-space realization based adaptive recursive filters[J]. Proceedings of International Symposium on Circuits and Systems, 2003, 4: 420-423.

[102] LIU B. Effect of finite-word-length on the accuracy of digital filters—a review[J]. IEEE Transactions on Circuits Theory, 1971, 18(6): 670-677.

[103] HWANG S Y. Dynamic range constraint in state-space digital filtering[J]. IEEE Transactions on Acoustics, Speech and Signal Processing, 1975, 23(6): 591-592.

[104] HWANG S Y. Roundoff noise in state-space digital filtering-A general analysis[J]. IEEE Transactions on Acoustics, Speech and Signal Processing, 1976, 24(3): 256-262.

[105] JACKSON L B. Roundoff-Noise analysis for fixed-point digital filters realized in cascade or parallel form[J]. IEEE Transactions on Audio and Electroacoustics, 1970, 18(2): 107-122.